Mon enfance

John Burroughs

Writat

Cette édition parue en 2024

ISBN : 9789359945316

Publié par
Writat
email : info@writat.com

Contenu

AVANT-PROPOS

Au début, au moins, mon père écrivait ces croquis de son enfance et de sa vie à la ferme comme une question de légitime défense : j'avais fait un effort déterminé pour les écrire et, en faisant cela, je marchais sur ce qui était pour lui plus ou moins terre moins sacrée, car comme il me l'a dit un jour dans une lettre : « Vous aurez le mal du pays ; je sais exactement ce que j'ai ressenti lorsque j'ai quitté la maison il y a quarante-trois ans. Et depuis, j'ai plus ou moins le mal du pays. des vieilles collines et du Père et de la Mère est profondément ancré dans les fondements mêmes de mon être. » Il avait un amour intense pour son lieu de naissance et chérissait chaque souvenir de son enfance, de sa famille et de la vieille ferme située sur le flanc d'Old Clump - « la montagne des reins de laquelle je suis sorti » - de sorte que lorsque j'essayais de En écrivant sur lui, il sentait qu'il était temps qu'il prenne l'affaire en main. Les pages suivantes en sont le résultat.

JULIEN BURROUGHS.

MON ENFANCE, PAR JOHN BURROUGHS

Vous me demandez de vous raconter ma vie, comment ça s'est passé avec moi, et maintenant, dans ma soixante-seizième année, je me trouve d'humeur à le faire. Vous en savez suffisamment sur moi pour savoir que ce ne sera pas un récit passionnant ni d'une grande valeur historique. C'est surtout la vie d'un homme de la campagne et d'un homme de lettres assez obscur, vécue dans des temps certes mouvementés, mais largement vécue en dehors des hommes et des événements qui ont donné du caractère aux trois derniers quarts de siècle. Comme des dizaines de milliers d'autres, j'ai été spectateur plutôt que participant des activités – politiques, commerciales, sociologiques, scientifiques – de l'époque dans laquelle j'ai vécu. Ma vie, comme la vôtre, s'est déroulée sur des sentiers détournés plutôt que sur les grands chemins publics. Je n'ai connu que peu de grands hommes et je n'ai participé à aucun grand événement public, pas même à la guerre civile que j'ai vécue et à laquelle mon devoir m'appelait clairement à prendre part. Je suis un homme qui répugne au bruit et aux conflits, même à la concurrence loyale, et qui aime voir ses journées « liées les unes aux autres » par une occupation tranquille et agréable.

Les dix-sept premières années de ma vie se sont déroulées dans la ferme où je suis né (1837-1854) ; les dix années suivantes, j'étais professeur dans les écoles des districts ruraux (1854-1864) ; puis j'ai été pendant dix ans commis du gouvernement à Washington (1864-1873) ; puis, au cours de l'été 1873, alors que j'étais examinateur et séquestre à la Banque nationale, j'ai acheté la petite ferme fruitière sur l'Hudson où vous avez grandi et où j'ai vécu depuis, cultivant la terre pour les fruits commercialisables et les champs et les bois pour la nature. littérature, comme vous le savez bien. J'ai quitté mes sentiers à plusieurs reprises et parcouru quelques-unes des grandes routes de voyage - je suis allé deux fois en Europe, allant seulement jusqu'à Paris (1871 et 1882) - la première fois envoyé à Londres par le gouvernement avec trois autres les hommes doivent transmettre 50 000 000 $ d'obligations à rembourser ; la deuxième fois, j'y vais avec ma famille pour mon propre compte. J'ai fait partie de l'expédition Harriman en Alaska à l'été 1899, allant jusqu'à Plover Bay, à l'extrême nord-est de la Sibérie. J'étais le compagnon du président Roosevelt lors d'un voyage au parc de Yellowstone au printemps 1903. Au cours de l'hiver et du printemps 1909, je suis allé en Californie avec deux amies et j'ai prolongé le voyage jusqu'aux îles hawaïennes, pour rentrer chez moi en juin. En 1911, j'ai de nouveau traversé le continent jusqu'en Californie. J'ai campé et marché dans le Maine et au Canada, et j'ai passé une partie de l'hiver aux Bermudes et en Jamaïque. Ceci est un aperçu de mes voyages. Je n'ai connu que peu de grands hommes. J'ai rencontré Carlyle en compagnie de Moncure Conway à Londres en novembre 1871. J'ai rencontré

Emerson trois fois : en 1863 à West Point ; en 1871 à Baltimore et à Washington, où je l'ai entendu donner des conférences ; et au petit-déjeuner d'anniversaire de Holmes à Boston en 1879. J'ai connu Walt Whitman intimement de 1863 jusqu'à sa mort en 1892. J'ai rencontré Lowell et Whittier, mais pas Longfellow ni Bryant ; J'ai vu Lincoln, Grant, Sherman, Early, Sumner, Garfield, Cleveland et d'autres hommes notables de cette époque. J'ai entendu Tyndall donner son cours sur la Lumière à Washington en 1870 ou 1871, mais j'ai manqué de voir Huxley lors de sa visite ici. J'ai dîné chez les Rossetti à Londres en 1871, mais je n'ai été impressionné ni par eux ni par moi. J'ai rencontré Matthew Arnold à New York et j'ai entendu sa conférence sur Emerson. Mes livres sont, d'une certaine manière, un récit de ma vie, de cette partie de celle-ci qui a fleuri et porté ses fruits dans mon esprit. Vous pourriez assez bien reconstituer mes journées à partir de ces volumes. Un écrivain qui glane sa moisson littéraire dans les champs et les bois récolte principalement là où il a semé. C'est un laboureur dont la récolte jaillit de la semence de son propre cœur.

Ma vie a été heureuse ; Je suis né sous une bonne étoile. Il semble que le vent et la marée m'aient favorisé . Je n'ai subi ni grandes pertes, ni défaites, ni maladies, ni accidents, et je n'ai subi aucune grande lutte ni privation ; Je n'ai eu aucune grogne, je n'ai pas voulu de la terre. Je suis pessimiste la nuit, mais le jour je suis un optimiste confirmé, et ce sont les jours qui ont marqué ma vie. J'ai trouvé que cette planète était un bon coin de l'univers où vivre et je ne suis pas pressé de l'échanger contre une autre. J'espère que la joie de vivre sera aussi vive chez vous, mon cher garçon, qu'elle l'a été chez moi et que vous pourrez vivre dans des conditions aussi faciles que moi. Avec cet avant-propos, je commencerai le récit plus en détail.

J'ai parlé de ma chance. Cela a commencé lorsque je suis né dans une ferme, de parents dans la fleur de l'âge et dans des circonstances modestes. Je trouve aussi que c'est une chance que ma naissance tombe en avril, un mois où tant d'autres choses trouvent bon de commencer la vie. Père a probablement exploité l'érablière à cette époque ou un peu plus tôt ; l'oiseau bleu, le merle et le moineau chanteur sont peut-être arrivés ce jour-là. Les nouveaux veaux bêlaient dans la grange et les jeunes agneaux sous le hangar. Il y avait des congères tachées de terre sur le flanc de la colline, et le long des murs de pierre et à travers les forêts qui recouvraient les montagnes, la couche de neige était ininterrompue. Les champs étaient généralement nus et le gel quittait le sol. Le stress de l'hiver était terminé et la chaleur du printemps commençait à se faire sentir dans l'air. J'étais venu dans une maison de cinq enfants, deux filles et trois garçons, l'aîné de dix ans et le plus jeune de deux ans. L'un d'eux était mort en bas âge, faisant de moi le septième enfant. La mère avait vingt-neuf ans et le père trente-cinq ans, un homme de taille moyenne, tacheté de rousseur, aux cheveux roux, montrant très clairement la souche celtique ou galloise dans son sang, tout comme la mère, qui était une Kelly et d'origine irlandaise du côté paternel. côté. J'étais venu dans une famille ni riche ni pauvre, comme on considérait ces choses à l'époque, mais une famille qui se consacrait à un travail acharné, hiver comme été, pour financer et améliorer une grande ferme, dans un pays de larges vallées ouvertes et de longues vallées, des collines à large dos et des lignes de montagnes douces et fluides ; très ancienne géologiquement, mais seulement une génération à partir de la souche dans l'histoire de la colonie. En effet, les souches persistaient dans de nombreux champs jusque tard dans mon enfance, et l'une de mes tâches, par temps sec au milieu du printemps, était de brûler ces souches - une occupation que j'ai toujours appréciée parce que l'aventure en faisait un jeu de travail. Le climat était rigoureux en hiver, le mercure tombant souvent jusqu'à 30° au-dessous, bien que nous n'ayons pas alors de thermomètre pour le mesurer, et les étés, à une altitude de deux mille pieds, étaient frais et salubres. Le sol était assez bon, bien qu'encombré de roches laminées et de pierres de la formation Catskill, que l'ancienne calotte glaciaire avait brisées, épaulées et transportées. Environ tous les cinq ou six acres contenaient suffisamment de pierres et de roches pour pouvoir entourer un mur à fond rocheux tout en laissant suffisamment de place dans et sur le sol pour inquiéter le laboureur et la tondeuse. Toutes les fermes de cette section, situées dans les vallées et penchées au-dessus des collines à large dos, sont des échiquiers de murs en pierre, et les champs à angle droit, dans leurs nombreuses couleurs de vert et de brun, de jaune et de rouge, donnent un une apparence cartographique frappante au paysage. On y cultive de bonnes récoltes de céréales, comme le seigle, l'avoine, le sarrasin et le maïs jaune, mais l'herbe est le produit le plus naturel. C'est un pays de pâturage et la vache laitière y prospère, et ses produits constituent la principale source de revenus des fermes.

J'étais entré dans une maison où tous les éléments étaient doux ; l'eau et l'air étaient aussi bons qu'il y en a dans le monde, et où les conditions de vie étaient de nature à discipliner à la fois l'esprit et le corps. Les colons de ma partie des Catskills étaient en grande partie originaires du Connecticut et de Long Island, arrivés après ou vers la fin de la Révolution, et avec un bon mélange d'émigrants écossais.

Mon arrière-grand-père, Ephraim Burroughs, est venu, avec sa famille de huit ou dix enfants, de près de Danbury, dans le Connecticut, et s'est installé dans la ville de Stamford peu après la Révolution. Il y mourut en 1818. Mon grand-père, Eden, est venu dans la ville de Roxbury, qui faisait alors partie du comté d'Ulster.

J'étais arrivé dans un pays où coulent du lait, sinon du miel. Le sirop d'érable pourrait très bien remplacer le miel. L'érable à sucre était l'arbre dominant du bois et l'érable à sucre le principal sucre utilisé dans la famille. Les bois d'érable, de hêtre et de bouleau nous gardaient au chaud en hiver, et le bois de pin et de pruche fabriqué à partir d'arbres poussant dans les vallées plus profondes formait les toits et les murs des maisons. Le souffle des vaches se mêla très tôt à mon propre souffle. Depuis mes plus anciens souvenirs, la vache était le principal facteur de production de la ferme et ses produits la principale source de revenu familial ; autour d'elle tournaient les foins et les moissons. C'est pour elle que nous travaillions du début juillet jusqu'à la fin août, rassemblant le foin dans les granges ou en meules, le fauchant et le ratissant à la main. C'était le jour de la faux et de la bonne tondeuse, du berceau et du bon berceau, de la fourche et de la bonne cruche. Avec les machines agricoles modernes , les mêmes récoltes sont désormais récoltées avec moins de la moitié de la dépense d'énergie humaine, mais le type d'agriculteur semble s'être détérioré dans à peu près dans les mêmes proportions. La troisième génération d'agriculteurs de ma ville natale ressemble beaucoup à la troisième infusion de thé ou à la troisième récolte de maïs sans aucun engrais. Les grands personnages pittoresques et originaux qui ont amélioré les fermes et les ont financées ont presque tous disparu, et leurs descendants ont déserté les fermes ou sont nettement d'un type inférieur. Les fermes ont plus de bétail et donnent de meilleures récoltes, en raison de la quantité de céréales importées qu'elles consomment, mais les familles ont diminué ou ont complètement disparu, et l'esprit social et de quartier n'est plus le même. Fini les décorticages , les piquages , les coupes de pommes, les levées ou les "abeilles" de toute sorte. Le téléphone et la livraison rurale gratuite sont arrivés, ainsi que l'automobile et le quotidien. Les routes sont meilleures, les communications plus rapides, les maisons et les granges plus voyantes , mais les hommes et les femmes, et surtout les enfants, ne sont pas là. Les villes et les cités colorent et dominent désormais le pays qu'elles ont vidé de ses hommes, et les districts ruraux deviennent une réplique fanée de la vie urbaine.

Les travaux agricoles auxquels j'ai été appelé très tôt à prêter main, comme je l'ai dit, tournaient autour de la vache laitière. Ses sentiers étaient dans les champs et les bois, sa voix sonore était sur les collines, son souffle parfumé était dans chaque brise. Elle était le centre de nos industries. Pour la maintenir en bonne condition, bien pâturée en été et bien logée et nourrie en hiver, et toute la laiterie jusqu'à son plus haut point d'efficacité, c'est dans ce but que le fermier dirigea ses efforts. C'était un métier exigeant. En été, la journée commençait par la traite et se terminait par la traite ; et en hiver, il commençait par le fourrage et se terminait par le fourrage, et la majeure partie du travail entre et pendant les deux saisons avait pour objet, directement ou indirectement, le bien-être du troupeau. Récupérer les vaches et les renvoyer en été était généralement le travail des plus jeunes garçons ; les sortir de l'écurie et les remettre en hiver était généralement le travail des plus âgés. En hiver, le fourrage provenant des meules dans les champs incombait également aux membres les plus âgés de la famille.

Lorsque nous avions atteint l'âge d'une dizaine d'années, nous avons tous participé à la traite, ma mère et mes sœurs faisant généralement leur part. Au début, nous traitions les vaches sur la route devant la maison, plaçant les seaux de lait sur la pierre ; plus tard, nous les avons traites dans une cour du verger derrière la maison et, ces dernières années, la traite se fait dans l'étable. Mère a raconté que lorsqu'ils sont arrivés à la ferme, alors qu'elle était assise en train de traire une vache sur la route, un soir, elle a vu un gros animal noir sortir des bois, là où se trouve maintenant la prairie de trèfles, traverser la route et disparaître dans le champ. les bois de l'autre côté. À cette époque, les ours emportaient parfois les porcs des fermiers, envahissant hardiment les enclos pour ce faire. Mon père avait une trentaine de vaches de race Durham ; aujourd'hui, les troupeaux laitiers sont constitués de Jerseys ou de Holstein. À l'époque, le produit commercialisé était le beurre ; aujourd'hui, c'est le lait. Autrefois, le beurre était fabriqué à la ferme par la femme du fermier ou la salariée, maintenant il est fabriqué dans les crémeries par les hommes. Ma mère a fabriqué la majeure partie du beurre pendant près de quarante ans, en emballant des milliers de pots et de sapins pendant cette période. Le lait était placé dans des casseroles en fer blanc sur une grille dans la laiterie pour que la crème lève, et dès que le lait claquait, il était écrémé.

Vers trois heures de l'après-midi, par temps chaud, Mère commençait à écumer le lait, le transportant poêle par poêle jusqu'au grand moule à crème, où, d'un mouvement rapide d'un couteau, la crème était séparée des parois du moule, la casserole inclinée sur le bord du moule à crème et le lourd manteau de crème, en plis ou en flocons, glissait dans le réceptacle et le lait épais se vidait dans des seaux pour être transporté jusqu'au tonneau à eaux grasses pour les porcs. J'aidais parfois maman en lui tendant les casseroles de lait du casier et en vidant les seaux. Vint ensuite le lavage des casseroles à l'auge, auquel je l'ai souvent aidée en mettant les casseroles à sécher et à les exposer au soleil sur le grand banc. Les rangées de casseroles en fer blanc qui séchaient étaient toujours une caractéristique remarquable des fermes de cette époque, de même que la machine à baratter attachée à la laiterie et le bruit de la roue, propulsée par le « vieux barattage » – soit un gros chien, soit un mouton . Chaque matin d'été, vers huit heures, le vieux mouton ou le vieux chien était amené et attaché à sa tâche sur la grande roue. Les moutons étaient généralement plus réticents que les chiens. Ils acquéraient rarement le sens du devoir ou de l'obéissance comme le faisait un chien. Ces marches sans fin et ces impasses suscitèrent très vite de vigoureuses protestations. Le baratte se retirait, se préparait, s'étouffait et arrêtait la machine : un baratte s'est jeté et a été étouffé à mort avant d'être découvert. Je me souviens de l'époque où le vieux hetchel du jour de l'épandage du lin, attaché à une planche, faisait son service derrière la vieille baratte, le stimulant avec sa vingtaine ou plus de dents acérées lorsqu'il se reculait pour arrêter la machine. « Courez et faites démarrer le vieux mouton », était un ordre que nous avons entendu moins souvent par la suite. Il ne put résister longtemps à la pression de cette phalange de pointes acérées sur son large arrière-train.

Le chien de barattage était moins obstiné et pervers, mais il se cachait parfois à mesure que l'heure du barattage approchait et il fallait se bousculer pour le retrouver. Mais nous avions un chien qui semblait prendre plaisir à la tâche et se dirigeait rapidement vers le volant lorsqu'on le lui demandait et terminait sa tâche sans être attaché. En l'absence du chien et du mouton, j'ai pris à plusieurs reprises leur place au volant. En hiver et au début du printemps, il y avait moins de crème à baratter et nous le faisions à la main, deux d'entre nous soulevant le dasher ensemble. Un travail pénible, même pour les grands garçons, et lorsque les choses hésitaient et que le beurre n'arrivait parfois qu'au bout d'une heure, la tâche nous mettait à l'épreuve. Parfois, il ne se rassemblait pas bien après son arrivée, alors une manipulation habile du dasher était nécessaire.

Je ne me lassais jamais de voir Mère sortir de la baratte avec sa louche les grandes masses de beurre doré et les empiler dans le grand bol à beurre, avec les gouttes de babeurre posées dessus comme si elles transpiraient de l'épreuve qu'elles avaient endurée. . Puis le travail et le lavage pour le débarrasser du lait et l'emballage final dans une cuve ou un sapin, son odeur fraîche dans l'air, quel tableau c'était ! Quelle part de la vertu de la ferme passait chaque année dans ces sapins ! Littéralement la crème du pays. Ah, l'alchimie de la Vie, qui chez l'abeille peut transformer un produit de ces champs sauvages en miel, et chez la vache peut transformer un autre produit en lait !

Le beurre de printemps était emballé dans des pots de cinquante livres pour être expédié au marché aussi vite qu'il était fabriqué. Le conditionnement en sapins de cent livres, qui devait être retenu jusqu'en novembre, n'a commencé que lorsque les vaches ont été mises au pâturage en mai. Avoir fabriqué quarante pots à cette époque et les avoir vendus dix-huit ou vingt cents la livre était considéré comme très satisfaisant. Alors, fabriquer quarante ou cinquante sapins pendant l'été et l'automne et en obtenir un aussi bon prix réjouissait le cœur du fermier. Lorsque mon père est arrivé à la ferme, en 1827, le beurre ne rapportait que douze ou quatorze cents la livre, mais le prix a augmenté régulièrement jusqu'à ce qu'à mon époque il se vende de dix-sept à dix-huit cents et demi. Le beurre de sapin était généralement vendu à un acheteur de beurre local nommé Dowie. Il apparaissait généralement au début de l'automne, toujours à cheval, après avoir prévenu Père à l'avance. À la table du petit-déjeuner, mon père disait : « Dowie vient essayer le beurre aujourd'hui.

« J'espère qu'il n'essaiera pas ce sapin que j'ai emballé pendant cette chaude semaine de juillet », disait maman. Mais c'était très probablement celle-là parmi d'autres qu'il demanderait. Sa longue sonde à beurre en acier demi-ronde ou essayeur était enfoncée au centre du sapin jusqu'au fond, donnée un tour ou deux, et retirée, sa cavité effilée remplie d'un échantillon de chaque pouce de beurre dans le sapin. Dowie le passait rapidement sous son nez, peut-être parfois en le goûtant, puis repoussait l'essayeur dans le trou, puis le retirait, laissant son noyau de beurre là où il l'avait trouvé. Si le beurre lui convenait, et il échouait rarement, il faisait son offre et se dirigeait vers la laiterie suivante.

Le beurre devait toujours être livré à une date convenue, sur la rivière Hudson à Catskill. Cela avait généralement lieu en novembre. C'était l'événement de la chute : deux chargements de beurre, de vingt sapins ou plus chacun, à transporter cinquante milles dans un wagon à bois, chaque aller-retour prenant environ quatre jours. Il fallait diriger les firkins et se préparer. À mon époque, ce travail revenait généralement à Hiram. Il commençait la veille du départ de Père et faisait étêter et placer le chargement dans le chariot à temps, avec de la paille entre les sapins pour qu'ils ne frottent pas. Combien de fois ai-je entendu ces charges partir sur le sol gelé le matin avant qu'il ne fasse jour ! Parfois, le chariot d'un voisin passait lentement en cahotant juste après ou juste avant que Père soit parti, mais pour la même course. Père prenait généralement un sac d'avoine pour ses chevaux et une boîte de nourriture pour lui afin d'éviter toutes dépenses inutiles. La première nuit, il le trouvait généralement à la taverne Steel dans le comté de Greene, à mi-chemin de Catskill. Le lendemain après-midi, il était à la fin de son voyage et déchargé de nuit au quai des bateaux à vapeur, ses courses et autres achats faits, et prêt à partir tôt le matin pour rentrer chez lui. La quatrième nuit, nous attendrions son retour. Mère était assise, cousant à la lumière de son bain de suif, une oreille tournée vers la route. Elle entendait habituellement le bruit de son chariot en premier. "Voilà ton père arrive", disait-elle, et Hiram ou Wilson allumaient rapidement la vieille lanterne en étain et se tenaient prêts sur la pierre à le recevoir et à aider à sortir l'équipe. Lorsqu'il arrivait à la maison, son dîner était déjà sur la table : un ragoût de porc froid, je me souviens, le régalait en de telles occasions, et une tasse de thé vert. Après le dîner, sa pipe et le récit de son voyage, avec une liste des achats de la famille, puis au lit. Dans quelques jours, le deuxième voyage serait effectué. Au fur et à mesure que ses garçons grandissaient, il leur emmena tour à tour un voyage avec lui à Catskill. Ce fut un grand événement dans la vie de chacun de nous. Quand mon tour est venu, j'avais probablement onze ou douze ans et l'événement à venir se profilait à mon horizon. En fait, je devais voir mon premier bateau à vapeur, le fleuve Hudson, et peut-être les voitures à vapeur. Plusieurs jours à l'avance, j'ai chassé le gibier dans les bois pour remplir la caisse de provisions afin de limiter les dépenses. J'ai tué ma première perdrix et probablement un ou deux pigeons sauvages et des écureuils gris. Perché haut sur ce tremplin à côté de Père, mes pieds touchant à peine le sommet des sapins, à une vitesse d'environ trois kilomètres à l'heure sur des routes accidentées par temps froid de novembre, j'ai fait mon premier grand voyage dans le monde. J'ai traversé les montagnes Catskill et j'ai eu cette surprenante vue panoramique sur les terres au-delà depuis le sommet. Au Caire, où il semble que nous ayons passé la deuxième nuit, je me suis déshonoré le matin, lorsque mon père, après m'avoir félicité auprès de quelques passants, m'a dit de monter dans le chariot et de conduire le chargement sur la route. Dans mes efforts sincères pour y parvenir, je me suis heurté à un côté de la grande porte et j'ai failli briser des objets. Mon père était humilié et moi terriblement mortifiée.

Les merveilles de Catskill m'ont vraiment impressionné, mais l'un de mes souvenirs les plus marquants est un passage d'armes (verbal) sur le bateau à vapeur entre mon père et le vieux Dowie. Ce dernier s'était interrogé sur l'exactitude du poids du sapin vide qui devait être déduit comme tare du poids total. Des mots brûlants ont suivi. Père a dit : « Enlève-le, enlève-le. » Dowie dit : « Je le ferai », et en un instant, le sapin nu de beurre se dressa sur la balance, suant des gouttes d'eau salée. Qui a gagné, je ne sais pas. Je me souviens seulement que la paix régna bientôt et que Dowie continua à acheter notre beurre.

Un autre incident de ce voyage me reste encore à l'esprit. Je marchais dans une rue juste au crépuscule, quand j'ai vu arriver un troupeau de bétail. Le bouvier, en me voyant, m'a crié : « Tiens, mon garçon, amène ces vaches dans cette rue ! C'était dans ma ligne, j'étais à la maison avec des vaches et j'ai roulé en voiture avec style. Lorsque l'homme est arrivé , il a dit : « Bien joué » et a placé six gros centimes de cuivre dans ma main. Jamais ma paume ne fut chatouillée de manière plus inattendue et plus agréable. Cette sensation est encore avec moi !

À une date antérieure à celle de l'accident survenu dans la vieille école en pierre, ma tête et mon corps aussi eurent de graves contusions. Un jour d'été, alors que je n'avais pas plus de trois ans, ma sœur Jane et moi jouions dans la grande chambre mansardée et nous amusions à nous allonger sur le tonneau de vinaigre et à le pousser dans la pièce avec nos pieds. Nous sommes arrivés au sommet de l'escalier raide qui se terminait contre la porte de la chambre, à un pied ou plus au-dessus du sol de la cuisine, et je suppose que nous avons pensé que ce serait amusant d'emprunter l'escalier sur le fût. Au bord de cet escalier, ma mémoire devient vide et quand je me retrouve , je suis allongé sur le lit dans la « chambre du fond » et l'odeur du camphre est forte dans la pièce. Comment cela s'est-il passé avec Jane, je ne me souviens pas ; la blessure n'était probablement pas grave pour aucun de nous, mais il est facile d'imaginer à quel point la pauvre mère a dû être surprise lorsqu'elle a entendu ce vacarme dans les escaliers et que la porte de la chambre s'est soudainement ouverte, renversant deux de ses enfants, mêlés au un fût de vinaigre, sur le sol de la cuisine. Jane était de plus de deux ans mon aînée et aurait dû s'en douter.

Des incidents marquants laissent une impression durable. Je me souviens de ce qui aurait pu être un accident très grave si ma chance habituelle ne m'avait pas accompagné, lorsque j'avais quelques années de plus. Un jour d'automne, j'étais avec mes frères aînés dans le champ de maïs, où ils étaient allés avec le chariot à bois pour ramasser des citrouilles. Lorsqu'ils eurent récupéré leur chargement et furent prêts à partir, je me mis sur le chargement au-dessus de l'essieu arrière et laissai mes jambes pendre entre les rayons de la grande roue. Heureusement, un de mes frères a vu ma position périlleuse au moment où l'équipe était sur le point de bouger et m'a secouru à temps. Sans aucun doute, mes jambes auraient été brisées et peut-être très gravement écrasées dans un instant de plus. Mais il semble que cette chance m'ait toujours suivi. Un matin d'hiver, alors que je m'abaissais pour enfiler une de mes bottes à côté du poêle de la cuisine chez un camarade de classe avec qui j'avais passé la nuit, mon visage entra en contact étroit avec le bec de la bouilloire bouillante. La vapeur brûlante manqua à peine mon œil et me boursoufla le front à la largeur d'un doigt au-dessus. Sans un œil, j'imagine que la vie aurait été bien différente. Une autre fois, je me promenais dans une des rues commerçantes de New York, lorsqu'une lourde botte de foin, par la négligence d'un ouvrier, tomba de trente ou quarante pieds au-dessus de moi et heurta le trottoir à mes pieds. J'ai entendu des mots de colère à propos de cet accident, prononcés par quelqu'un au-dessus de moi, mais je me suis seulement dit : « Encore de la chance ! Je me souviens d'un peu de chance d'un genre différent lorsque j'étais commis au Trésor à Washington. J'étais parti au bord de la mer pour une semaine de vacances avec un petit rouleau de nouveaux billets verts en poche. Peu de temps après que le train ait quitté la gare, j'ai quitté mon siège et j'ai traversé deux ou trois wagons de devant à la recherche d'un ami qui avait accepté de me rejoindre. Ne le trouvant pas, je reviens sur mes pas, et comme je traversais la voiture voisine de la mienne, je vis par hasard un rouleau de nouveaux billets sur le sol, près du bout d'un siège. Tâtant instinctivement mon propre rouleau de billets et le trouvant manquant, j'ai ramassé l'argent et j'ai vu d'un coup d'œil qu'il était à moi. Les passagers à proximité m'ont regardé avec surprise et, je suppose, ont commencé à fouiller dans leurs propres poches, mais je ne me suis pas arrêté pour expliquer et je suis allé à mon siège surpris mais heureux. Mon ami m'avait manqué, mais j'aurais peut-être manqué quelque chose de plus précieux pour moi à ce moment-là.

Une sorte de sort malheureux semble inhérent au caractère de certaines personnes et fait d'eux les victimes de tous les malheurs du chemin. Un tel sort n'a pas été le mien. J'ai rencontré toute la chance sur la route. Une influence bienveillante a envoyé mes meilleurs amis vers moi, ou m'a envoyé vers eux. Ce qu'il y a de mieux chez moi, c'est que j'ai trouvé un intérêt éternel pour les choses universelles communes que tous peuvent avoir sur un pied d'égalité, et j'ai donc trouvé de quoi m'occuper et m'absorber partout où je suis allé. Si la terre et le ciel nous suffisent, pourquoi soupirerions-nous vers d'autres sphères ?

L'ancienne ferme devait avoir au moins dix milles de murs en pierre, beaucoup d'entre eux construits neufs par Père à partir de pierres ramassées dans les champs, et beaucoup d'entre eux reconstruits par lui, ou plutôt par ses garçons et ses ouvriers. Mon père n'était doué pour aucun travail artisanal. C'était un bon laboureur, un bon faucheur et un bon berceau, excellent avec un attelage de bœufs tirant des pierres et bon dans la plupart des travaux agricoles généraux, mais pas adepte de la construction de quoi que ce soit. Hiram était le génie mécanique de la famille. C'était un bon poseur de murs et habile avec les outils tranchants. Il lui incomba de fabriquer les traîneaux, les bateaux en pierre, les cordages à foin, les supports de haches, les fléaux, de réparer les berceaux et les râteaux, de construire les meules de foin, et une fois, je m'en souviens, il reconstruisit la machine à baratter. . Il était lent mais il suivait exactement la ligne. Avant et pendant mon séjour à la ferme, mon père comptait construire quarante ou cinquante bâtons de mur de pierre chaque année, généralement au printemps et au début de l'été. C'étaient les seuls vers de poésie et de prose que mon père écrivait. Ils sont encore très lisibles sur le paysage et ne peuvent pas être facilement effacés. Réunis dans la confusion de la nature, constitués de fragments de roches et de schistes du Dévonien ancien, posés en tenant compte de l'usure du temps, bien fonds et bien coiffés, établissant des limites et définissant les possessions, etc., ces les lignes de murs en pierre offrent une bonne leçon dans bien des domaines autres que la construction de murs. C'est de la bonne littérature et de la bonne philosophie. Ils sentent le terroir, ils ont des couleurs locales , ils sont un peu du chaos remis en ordre. Lorsque vous traitez avec la nature, seule la solution honnête vaut la peine . Comme elle recherche les points vulnérables de votre structure, les points faibles de vos fondations, le matériau défectueux de votre bâtiment !

Le mur de pierre du fermier, lorsqu'il est bien construit, tient à peu près aussi longtemps que lui. Il commence à chanceler et à paraître décrépit quand il commence à le faire. Mais cela peut être refait et lui ne le peut pas. Un jour, je suis passé au bord de la route pour parler avec un vieil homme qui reconstruisait un mur. "J'ai posé ce mur il y a cinquante ans", a-t-il déclaré. "Quand il sera remis en service , je n'aurai plus le poste." Il était resté debout plus longtemps que son mur.

Un mur de pierre est l'ami de toutes les créatures sauvages. Il s'agit d'une voie de communication sûre avec toutes les parties du paysage. Que font les tamias, les écureuils roux et les belettes dans un pays sans clôtures en pierre ? Les marmottes, les coons et les renards les utilisent également.

C'était mon devoir en tant que garçon de ferme d'aider à ramasser la pierre et à soulever les rochers. Je pouvais mettre l'appât sous le levier, même si mon poids dessus ne comptait pas beaucoup. Les bœufs lents, patients et massifs, comment ils pliaient leur queue, bossaient leur dos et jetaient tout leur poids sur l'avant lorsqu'ils sentaient un lourd rocher derrière eux et que Père élevait la voix et s'allongeait sur le « gad » ! C'était un bon sujet pour un tableau qu'aucun artiste, je pense, n'a jamais peint. Combien de rochers nous avons retirés de leurs lits, là où ils dormaient depuis que la grande calotte glaciaire les avait cachés là-haut, il y a peut-être cent mille ans, combien la prairie ou le pâturage avait l'air blessé et déchiré, saignant pour ainsi dire, en une vingtaine de jours. endroits, une fois le travail terminé ! Mais la nouvelle opération de la charrue et de la herse, suivie par le contact curatif des saisons, a bientôt rétabli tout le monde.

Le travail à la ferme à cette époque variait peu d'une année à l'autre. En hiver, le soin du bétail, la coupe du bois et le battage de l'avoine et du seigle occupaient le temps. Depuis l'âge de dix ou douze ans jusqu'à ce que nous soyons grands, nous allions à l'école seulement en hiver, faisant les corvées matin et soir et nous livrant aux travaux généraux un samedi sur deux, qui était un jour férié. Souvent, mes frères aînés devaient quitter l'école à trois heures pour rentrer à la maison et élever les vaches en l'absence de mon père. Ces jours d'école, comme ils me reviennent ! — la longue marche à travers les champs, à travers les champs et les bois enneigés, notre sentier étroit si souvent effacé par une nouvelle chute de neige ; les vents coupants, le froid glacial, la neige grinçant sous nos bottes en peau de vache gelées, les jambes de nos pantalons souvent attachées avec des cordes de remorquage pour empêcher la neige de les pousser au-dessus de nos bottes ; le vaste paysage blanc avec ses légères lignes noires de murs de pierre lorsque nous avons traversé les bois et commencé à descendre dans la vallée de West Settlement ; les garçons Smith, les garçons Bouton et les garçons Dart, au loin, parcourant les champs sur le chemin de l'école, leurs formes gravées sur les flancs blancs des collines, l'un des plus grands garçons, Ria Bouton, qui avait de nombreuses corvées à accomplir, matin après matin, courant tout le trajet pour ne pas être en retard ; l'école rouge au loin, au bord de la route, avec la tache sombre en son centre formée par la porte ouverte de l'entrée ; le ruisseau de la vallée, souvent obstrué par les glaces d'ancrage, que notre chemin a traversé et dans lequel je me suis affalé un matin, arrivant à l'école avec mes vêtements gelés sur moi et l'eau gargouillant dans mes bottes ; les garçons et les filles là-bas, parmi eux Jay Gould, dont les deux tiers sont maintenant morts et les vivants dispersés de l'Hudson au Pacifique ; les professeurs sont désormais tous morts ; les études, les jeux, les luttes , le baseball – toutes ces choses et bien plus encore défilent devant moi alors que je me souviens de ces jours révolus. Il y a deux ans , j'ai pourchassé un de ces camarades de classe en Californie que je n'avais pas vu depuis plus de soixante ans. Elle était mon aînée de sept ou huit ans et j'avais le souvenir d'un garçon de son visage frais et doux, de ses yeux aimables et de ses manières douces. J'ai été accueilli par une femme de quatre-vingt-deux ans, à la vue et à l'ouïe émoussées, mais j'ai immédiatement reconnu quelques vestiges du charme et de la douceur de mon aînée d'antan. Aucun nuage ne pesait sur son esprit ni sur sa mémoire et pendant une heure nous avons de nouveau vécu parmi les personnes âgées et les scènes.

Quelle salle remplie d'élèves, pour beaucoup de jeunes hommes et femmes, il y avait pendant ces hivers, trente-cinq ou quarante par jour ! Ces dernières années, il n'y en a jamais plus de cinq ou six. Les sources de population s'assèchent plus rapidement que nos cours d'eau. Parmi cette généreuse salle de jeunes gens, beaucoup sont devenus agriculteurs, quelques-uns sont devenus hommes d'affaires, trois ou quatre sont devenus des hommes de métier, et un seul, autant que je sache, s'est mis aux lettres ; et lui, à en juger par son environnement et ses antécédents, le dernier qu'on aurait choisi pour une telle carrière. Vous avez peut-être vu dans l'allure juive, l'érudition brillante et la fierté de ses manières de Jay Gould la promesse d'une carrière inhabituelle ; mais chez le garçon de son âge avec lequel il aimait tant lutter et rentrer le soir avec lui, mais dont il ne reviendrait jamais, qu'y avait-il d'indicatif pour l'avenir ? Sûrement pas grand chose que je puisse découvrir maintenant. Jay Gould, qui est devenu une sorte de Napoléon de la finance, a montré très tôt un talent pour les grandes entreprises et un pouvoir pour traiter avec les hommes. Il avait de nombreux traits caractéristiques qui ressortaient même dans sa démarche. Un jour à New York, plus de vingt ans après que je l'ai connu étant enfant, je marchais sur la Cinquième Avenue, quand j'ai vu un homme de l'autre côté de la rue, à plus d'un pâté de maisons, venir vers moi, dont la démarche a attiré mon attention comme quelque chose que j'avais connu depuis longtemps. Qui cela peut-il bien être? J'ai réfléchi et j'ai commencé à fouiller ma mémoire pour trouver un indice . J'avais déjà vu cette démarche. Lorsque l'homme est venu en face de moi, j'ai vu qu'il s'agissait de Jay Gould. Cette démarche différait subtilement de celle de tout autre homme que j'avais connu. C'est un fait psychologique curieux que les deux hommes en dehors de ma propre famille dont j'ai le plus souvent rêvé dans mon sommeil sont Emerson et Jay Gould ; l'un à qui je dois tant, l'autre à qui je ne dois rien ; l'un dont je vénère le nom, l'autre dont j'associe le nom, comme le monde, à la voie sombre de la finance spéculative. Les nouveaux interprètes de la philosophie du rêve me diraient probablement que j'avais une secrète admiration pour Jay Gould. Si c'est le cas, il sommeille profondément dans mon subconscient et ne se réveille que lorsque mon moi conscient dort.

Mais je me suis mis à parler du travail à la ferme. Le battage se faisait principalement en hiver avec le fléau en caryer, un lot de quinze gerbes constituant un plancher. Par temps sec et froid, le grain se décortique facilement. Après qu'un sol ait été battu au moins trois fois, la paille était à nouveau liée en gerbes, le sol était complètement ratissé et le grain s'accumulait contre le côté de la baie. Lorsque le tas devenait si gros qu'il gênait le passage, il était nettoyé, c'est-à-dire passé dans le moulin, l'un de nous pelletant le grain, un autre faisant tourner le moulin et un troisième mesurant le grain et le mettant dans des sacs. , ou dans les bacs du grenier. Un hiver, quand j'étais petit, Jonathan Scudder battait pour nous dans la grange sur la colline. Il était amoureux de ma sœur Olly Ann et voulait faire bonne impression auprès des « vieux ». Chaque soir, au souper, Père lui disait : « Eh bien, Jonathan, combien de chocs aujourd'hui ? et ils grandissaient de plus en plus, jusqu'au jour où il atteignit la limite de quatorze ans et fut hautement complimenté pour sa journée de travail. Cela a fait une impression sur Père, mais cela n'a pas adouci le cœur d'Olly Ann. Le bruit du fléau et du moulin à vent ne se fait plus entendre dans les granges des agriculteurs. La batteuse mécanique qui se déplace de ferme en ferme fait désormais le travail en une seule journée – quelques heures de chaos, avec de temps en temps une main ou un bras écrasé au lieu des jours de balancement tranquille du fléau en caryer.

Le premier travail considérable du printemps fut la fabrication du sucre, période toujours heureuse pour moi. Habituellement, dans la dernière moitié du mois de mars, lorsque les ruisseaux de la fonte des neiges commençaient à traverser les champs, les nervures des érables à sucre commençaient à frémir de la chaleur printanière. A cette époque, il y avait un réveil général dans la ferme : les caquetements des poules, les bêlements des jeunes agneaux et veaux, et les meuglements nostalgiques des vaches. Plus tôt dans le mois, les « flèches de sève » avaient été révisées, réaffûtées et de nouvelles fabriquées, généralement à partir de bois de tilleul. À mon époque, la gouge à sève était utilisée à la place de la tarière et la manière de tarauder était grossière et inutile. Une entaille oblique de trois ou quatre pouces de long et un demi-pouce ou plus de profondeur a été coupée, et un pouce au-dessous de l'extrémité inférieure de celle-ci, la gouge a été enfoncée pour faire l'emplacement du flèche, un morceau de bois de deux pouces de large, façonné pour la gouge, et un pied ou plus de longueur. Cela a causé à l'arbre une blessure double et inutile. Plus l'entaille est grande, plus il y a de sève, semblait-il en théorie, comme si l'arbre était un tonneau rempli de liquide, alors qu'une petite blessure faite avec un foret d'un demi-pouce fait tout aussi bien le travail et est beaucoup moins nuisible à l'arbre. arbre.

Quand arriva un beau matin, avec un vent du nord-ouest et suffisamment chaud pour commencer à dégeler à huit heures, les ustensiles pour la fabrication du sucre - casseroles, bouilloires, flèches, tonneaux - furent chargés sur le traîneau et emmenés dans les bois, et à dix heures. Vers midi, les arbres commencèrent à sentir une fois de plus la cruelle hache et les entailles. Il m'incombait généralement de porter les cuvettes et les flèches pour l'un des saigneurs, Hiram ou Père, et de disposer les cuvettes sur une fondation plane de bâtons ou de pierres, en position. Père avait souvent l'habitude de beaucoup marchander l'arbre en le saillant. « Par Fagus, disait-il, comme je suis maladroit ! Le tintement rapide de ces premières gouttes de sève dans la poêle en fer blanc, comme je m'en souviens bien ! Il est probable que la note du premier moineau chanteur ou du premier oiseau bleu, ou encore le cri printanier de la sittelle, retentissent à l'unisson. Habituellement, il ne restait que des plaques de neige ici et là dans les bois et des restes tachés de terre d'anciennes congères sur les flancs des collines et le long des murs de pierre. Ces journées lucides et chaudes de mars dans les bois d'érables nus sous le ciel bleu, avec les premières gouttes de sève tintant dans les casseroles, avaient un charme qui ne s'efface pas de mon esprit. Après que tous les arbres eurent été saignés, au nombre de deux cent cinquante, les grandes marmites furent de nouveau installées dans la vieille arche de pierre et les tonneaux dans lesquels stocker la sève furent mis en place. Vers quatre heures, de nombreuses casseroles – des casseroles à lait de la laiterie – étaient pleines, et la collecte avec joug et seaux commençait. Quand j'avais quatorze ou quinze ans, j'ai pris part à cette partie du travail. J'avais l'habitude de mettre mes forces à rude épreuve pour transporter les deux seaux pleins de douze litres à travers les endroits accidentés et sur les berges escarpées des bois, puis les soulever et les vider alternativement dans les tonneaux sans déplacer le joug du cou. Mais je pourrais le faire. Désormais tout ce travail se fait à l'aide d'une équipe et d'un tuyau fixé sur un traîneau. Avant d'être en âge de récolter la sève, il m'incombait d'aller dans les granges, de mettre du foin pour les vaches et d'aider à les stabiliser. Le lendemain matin, l'ébullition de la sève commençait, sous la direction d'Hiram. Les grandes marmites en fer profondes étaient des évaporateurs lents comparées aux larges casseroles en tôle peu profondes actuellement utilisées. La profondeur ne peut pas rivaliser avec la superficialité dans la fabrication du sucre, plus votre évaporateur est superficiel, dans certaines limites, plus votre progrès est rapide. Il a fallu près de cent ans aux agriculteurs pour s'en rendre compte, ou du moins pour agir en conséquence.

Au bout de quelques jours d' ébullition intense, Hiram « perdait le sirop », après avoir réduit deux cents seaux de sève à cinq ou six de sirop. Le sirop se produisait souvent après la tombée de la nuit. Lorsque le liquide tombait d'une louche qu'on y plongeait et, maintenu dans l'air frais, se formait en masses minces et rigides, il avait atteint le stade d'un sirop. Comme nous faisions attention à nos pas sur le chemin accidenté, dans la pénombre de la vieille lanterne en fer blanc, en portant ces précieux seaux de sirop jusqu'à la maison, où le processus final de « sucre » devait être achevé par Mère et Jane !

Les coulées de sève se produisaient à intervalles de plusieurs jours. Deux ou trois jours mettaient généralement fin à une course. Un changement de temps en dessous de zéro arrêterait l'écoulement, et un changement vers une température beaucoup plus chaude l'arrêterait.

Les fontaines de sève se déchaînent sous un soleil glacial. Le gel dans le sol ou sur celui-ci sous forme de neige et l'air ensoleillé sont les conditions les plus favorables . Il faut une certaine fraîcheur et une certaine fraîcheur, quelque chose de cristallin dans l'air . Une touche de chaleur énervante du sud ou une glaciale du nord et les arbres le ressentent très rapidement à travers leur épaisse écorce. Entre 35 et 50 degrés, ils donnent le meilleur d'eux-mêmes. Après avoir effectué une descente terminée sous la pluie et la chaleur, une nouvelle chute de neige – « neige de sève », appellent ainsi les agriculteurs – nous donnera une autre descente. Trois ou quatre bons runs constituent une saison longue et réussie. Mes années d'enfance à l'érablière du printemps ont été les plus agréables à la ferme. Comment j'ai connu chacun de ces deux cent cinquante arbres – quel sentiment distinct d'individualité semblait adhérer à la plupart d'entre eux, autant qu'à chaque vache d'une laiterie ! Je savais sur quels arbres je serais presque sûr de trouver une casserole pleine et sur lesquels une quantité moindre. Un énorme arbre donnait toujours une casserole de crème pleine – une double mesure – tandis que les autres remplissaient une casserole ordinaire. C'était ce qu'on appelait « le vieil arbre à crème ». Sa place est depuis longtemps vacante ; environ la moitié des autres sont encore debout, mais avec la décrépitude de l'âge apparaissant sur leurs cimes, une nouvelle génération d'érables a remplacé les anciens disparus.

Alors que j'entretenais les bouilloires à côté de la vieille arche pendant les journées claires et chaudes de mars ou d'avril, avec mon frère, ou pendant qu'il était allé dîner, regardant la longue vallée et au loin les dos courbes des chaînes de montagnes lointaines, quels rêves J'avais autrefois, quels vagues désirs et, puis-je dire, quelles heureuses anticipations ! Je suis sûr que j'ai récolté bien plus que de la sève et du sucre au cours de ma jeunesse au milieu des érables. Lorsque je visite l'ancienne maison, je dois maintenant marcher jusqu'à l'érablière et me tenir debout autour de l'ancienne « ébullition », essayant de me replonger dans l'atmosphère magique de cette époque d'enfance. L'homme a aussi ses rêves, mais à ses yeux le monde n'est pas imprégné de romance comme il l'est aux yeux de la jeunesse.

Un printemps, pendant la saison des sucres, mon cousin, Gib Kelly, un garçon de mon âge, m'a rendu visite et est resté deux ou trois jours. (Il est mort l'automne dernier.) Quand il est parti , je m'occupais des bouilloires dans les bois, et tandis que je le voyais traverser les champs nus sous le soleil de mars, ses pas penchés vers les montagnes lointaines, je me souviens encore du sentiment de perte. m'a envahi, sa camaraderie avait tellement égayé mon plaisir des beaux jours. Il semblait emporter tout mon monde avec lui, et ce jour-là et le lendemain, j'ai vaqué à mes devoirs dans le buisson de sève avec une humeur mélancolique et pensive que je n'avais jamais ressentie auparavant. J'ai très tôt montré des capacités de camaraderie. Un petit ami pourrait jeter la sorcellerie de la romance sur tout. Oh, les journées enchantées avec mes jeunes amis ! Et je n'ai pas complètement dépassé cette susceptibilité précoce. Il y a des personnes dans le monde dont la camaraderie peut encore transformer pour moi le métal le plus vil des scènes et des expériences banales en l'or le plus pur de la romance. Ce sont probablement mes particularités féminines qui expliquent tout cela. Une autre passion de camaraderie inoubliable dans ma jeunesse que j'ai vécue envers le fils d'un cousin, un garçon de quatre ou cinq ans, soit environ la moitié de mon âge. Un printemps, sa mère et lui étaient venus chez nous pendant huit ou dix jours. L'enfant était très attachant et nous sommes vite devenus des compagnons inséparables. Il était comme un visiteur venu d'une autre sphère. Je le portais fréquemment sur mon dos et mon cœur s'ouvrait à lui de plus en plus chaque jour. Un jour, nous avons commencé à descendre une paire d'escaliers assez raides depuis la porcherie ; J'avais descendu quelques marches et j'avais tendu la main pour prendre le petit Harry dans mes bras, alors qu'il se tenait par terre en haut des escaliers, et je le portais vers le bas, quand dans sa joie, il s'est élancé et m'a renversé avec lui. dans mes bras, et nous sommes montés en bas, la tête contre des poutres solides. Ce fut un bouleversement sévère, mais cela m'a fait plus mal au cœur qu'à la tête car le garçon était gravement contusionné. L'événement me revient comme si c'était hier. Pendant des semaines après son départ, j'ai eu envie de lui jour et nuit et cette expérience brille toujours comme une étoile dans ma vie d'enfant. Je ne l'ai jamais revu jusqu'à il y a deux ans lorsque, sachant qu'il vivait là-bas et qu'il était médecin en exercice , je l'ai recherché à San Francisco. Je l'ai trouvé un homme calme aux cheveux gris, sans aucune allusion, bien sûr, à l'enfant que j'avais connu et aimé plus de soixante ans auparavant. J'ai eu l'expérience, à plusieurs reprises, de retrouver des amis de ma jeunesse après plus d'un demi-siècle. Au printemps dernier, j'ai reçu une lettre d'un de mes élèves de la première école où j'ai enseigné, en 1854 ou 1855. Je ne l'avais pas vu ni entendu parler depuis toutes ces années où il se rappelait à mon esprit. Le nom que je n'avais pas oublié, Roswell Beach, mais le visage que j'avais. Il y a seulement deux semaines, étant près de sa ville, j'ai eu l'idée de le rechercher. Je l'ai fait et j'ai été choqué de le trouver sur son lit de mort. Trop faible pour relever la tête de son oreiller, il m'a pourtant entouré de ses bras et a prononcé mon nom à plusieurs reprises avec une affection marquée. Il est décédé quelques jours plus tard. J'étais pour lui ce que certains de mes anciens professeurs étaient pour moi : des étoiles qui ne disparaissaient jamais au-dessous de mon horizon.

Mon goût d'enfant pour les filles était très différent de mon goût pour les garçons : il y avait peu ou pas de sentiment de camaraderie. Quand j'avais huit ou neuf ans, il y avait une fille à l'école à l'égard de laquelle je me sentais très partial, et j'ai pensé qu'elle me rendait la pareille jusqu'au jour où j'ai soudain vu à quel point elle se souciait peu de moi. Le professeur nous avait interdit de poser nos pieds sur les sièges devant nous. Dans un esprit de rébellion, je suppose, alors que le professeur ne regardait pas, j'ai posé mes pieds nus bruns et tachés de terre sur le siège interdit. Polly a rapidement pris la parole et a dit : « Professeur, Johnny Burris a posé ses pieds sur le siège » – quel coup cela a été pour moi qu'elle me dénonce ! Comme un gel cruel, ces mots ont tué les tendres bourgeons de mon affection et ils n'ont plus jamais repoussé. Des années plus tard, son jeune frère a épousé ma sœur cadette, et peut-être que cette dure interruption de nos années d'école m'a empêché d'épouser Polly. J'ai eu d'autres amours de chiots mais ils sont tous morts de mort naturelle.

Mais revenons au travail agricole.

Le ramassage des choses dans l'érablière, lorsque le flux de sève s'était arrêté, incombait généralement à Eden et à moi. Nous transportions les casseroles et les chalumeaux ensemble en gros tas, où les bœufs et le traîneau pouvaient les atteindre. Puis, lorsqu'ils furent amenés à la maison, c'était la tâche de ma mère et de ma sœur de les préparer pour le lait.

Le retrait du fumier et le labour de printemps étaient la prochaine étape à suivre dans la ferme. J'ai pris part au premier mais pas au second. L'épandage du fumier arraché et mis en tas dans les champs pendant l'hiver m'incombait souvent. Je me souviens que je ne me mettais pas très volontiers au travail, surtout lorsque le bétail avait été recouvert de longue paille de seigle, mais il y avait des compensations. Je pouvais m'appuyer sur le manche de ma fourchette et contempler le paysage printanier, je pouvais voir les arbres en herbe et écouter les chants des lève-tôt et peut-être capter la note de la première hirondelle dans les airs au-dessus de ma tête. Le garçon de ferme a toujours la nature entière à ses côtés et il en est généralement conscient.

Quand, armé de mon « heurtoir » à long manche, j'étais envoyé dans les prairies d'avril pour battre et disperser les crottes d'automne des vaches – les coussins de Juno, comme les appelait Irving –, j'occupais un emploi beaucoup plus agréable. Si j'avais connu le golf à cette époque, j'aurais probablement considéré cela comme un substitut équitable. Mettre les gros coussins sur le bord et, avec un vrai swing de golfeur, les frapper avec mon maillet et voir les pièces voler, c'était plus un jeu qu'un travail. Oh, alors c'était avril et je sentais la marée montante du printemps dans mon sang, et un peu d'activité gratuite comme celle-ci sous le ciel bleu convenait à mon humour . Un garçon aime presque tous les travaux qui lui permettent d'échapper à la routine et à la routine et qui contiennent un élément de jeu. Faire tourner la meule ou le moulin, transporter des gerbes, ramasser des pommes de terre ou transporter du bois étaient des tâches qui pesaient sur mon moral.

Les labours de printemps, les semailles et le hersage incombaient principalement à mon père et à mes frères aînés. Les travaux de printemps étaient considérés comme terminés lorsque l'avoine était semée et le maïs et les pommes de terre plantés : le premier au début de mai, le dernier à la fin de mai. Le sarrasin n'a été semé que fin juin. Un agriculteur demandait à un autre : « Combien d'avoine allez-vous semer, ou avez-vous semé ? pas combien d'acres. "Oh, quinze ou vingt boisseaux", serait la réponse.

Le percement des routes avait lieu en juin, après les récoltes. Toutes les mains, convoquées par le « chef de chemin », se réunissaient à une date donnée, à l'extrémité du quartier, près de la vieille école en pierre – hommes et garçons avec bœufs, chevaux, grattoirs, houes, pieds-de-biche, et commencez à réparer la route. Ce n'était pas un travail pénible, mais une sorte de vacances que nous appréciions tous plus ou moins. La route a été réparée d'une manière ou d'une autre, ici et là - un pont réparé, un fossé nettoyé, les pierres détachées enlevées, un trou comblé ou un court tronçon "autorisé" - mais les journées duraient huit heures et elles le faisaient. ne nous pèse pas lourd. L'État fait bien mieux désormais, avec du matériel routier et quelques hommes. Une ou deux fois par an, mon père m'envoyait avec une houe jeter les pierres de la route.

Une tâche plus agréable à cette époque consistait à tirer sur les tamias autour du maïs. Ces petits rongeurs étaient si nombreux dans ma jeunesse qu'ils arrachaient le maïs qui germait en bordure du champ, près des murs de pierre. Armé du vieux mousquet à silex, parfois chargé d'une poignée de petits pois durs, je hantais les abords des champs de maïs, guettant les petits coupables au dos rayé. Avec quelle impitoyabilité je les tuais ! A l'époque, il y en avait une douzaine alors qu'il n'en reste plus qu'un aujourd'hui. Les bois en fourmillaient littéralement, et lorsque les faines et les glands se faisaient rares, ils étaient obligés de braconner dans les récoltes des agriculteurs. C'est pour les réduire ainsi que d'autres nuisibles que des matchs de tir ont été organisés. Deux hommes choisissaient leur camp comme dans les matchs d'orthographe, sept, huit ou plus étaient d'un côté, et l'équipe qui rapportait le plus de trophées à la fin de la semaine gagnait et l'équipe perdante devait payer le dîner au village. hôtel pour toute la foule. La queue d'un tamia en comptait un, celle d'un écureuil roux trois, celle d'un écureuil gris encore plus.

Les têtes de faucons et de hiboux comptaient jusqu'à dix, je pense. Les têtes de corbeaux comptaient également beaucoup. Un homme qui avait peu de temps pour chasser m'a engagé pour l'aider, m'offrant une somme par douzaine d'unités. Je me souviens que j'ai trouvé dans le buisson de sève une couvée de jeunes hiboux tout juste sortis du nid et je les ai tous tués. Cet homme me doit toujours ces hiboux. Que de têtes et de queues hétéroclites ont été apportées en fin de semaine ! Je ne les ai jamais vus mais j'aurais aimé l'avoir fait. Des tirs répétés de ce genre, dans différentes parties de l'État, ont tellement réduit la petite vie sauvage, en particulier les tamias, qu'elle ne s'est pas encore rétablie et ne le sera probablement jamais. À cette époque, la main du fermier était contre presque tout ce qui était sauvage. Nous avions l'habitude de tirer et de piéger les corbeaux, les poules faucons et les petits faucons comme s'ils étaient nos ennemis mortels. Les agriculteurs avaient l'habitude de dresser des perches dans leurs prés et d'installer des pièges en acier au sommet pour attraper les faucons femelles qui venaient chercher les souris des prés qui endommageaient leurs prés. Le faucon poule est ainsi nommé parce qu'il attrape rarement ou jamais une poule ou un poulet. C'est un mouser. Au printemps, nous appâtions les corbeaux affamés avec des pattes de « diacre » et les abattions sans pitié, et tout cela parce qu'ils arrachaient de temps en temps un peu de maïs, oubliant ou ne connaissant pas les larves et les vers qu'ils tiraient et les sauterelles qu'ils mangeaient. Mais tout cela a changé et maintenant nos amis zibelines et les faucons qui planent en hauteur sont rarement agressés. L'imbécile armé d'un fusil est très enclin à tirer sur un aigle si l'occasion s'en présente, mais il doit être très sournois pour cela.

Les boutons d'or et les marguerites fleurissaient lorsque nous travaillions sur la route, et la fléole des prés était prête à le faire - indiquant l' approche proche du grand événement de la saison, la seule tâche majeure vers laquelle tant d'autres choses indiquaient - "foin;" la collecte de nos centaines de tonnes ou plus de foin de prairie. Cela a toujours été une campagne âprement disputée. Nos armes furent prêtes en temps voulu, de nouvelles faux et de nouveaux snaths, de nouveaux râteaux et de nouvelles fourches, les gréements à foin réparés ou reconstruits, etc. Peu après le 4 juillet, le premier assaut contre les légions de Timothy serait lancé dans le herbe déposée sous la grange. Nos faux traçaient de grandes étendues qui couvraient presque le sol et mettaient notre force à rude épreuve. Quand midi arrivait, nous rentrions à la maison les genoux tremblants.

Le premier jour de fenaison équivalait à presque une journée entière à la faux, et fut le plus éprouvant de tous. Ensuite, une demi-journée de tonte, par beau temps, impliquait du travail de séchage et de transport chaque après-midi. Du premier jour du début juillet jusqu'à la fin août, nous avons vécu pour le champ de foin. Pas de répit sauf les jours de pluie et les dimanches, et pas de changement sauf d'un pré à l'autre. Pas de journées de huit heures donc, plutôt douze et quatorze heures, traite comprise. Pas de râteaux à chevaux, pas de faucheuses, ni de faneuses à foin, ni de dispositifs de chargement ou de tangage donc. La faux, le râteau, la fourche dans les mains calleuses des hommes et des garçons faisaient le travail, parfois même les femmes se relayaient avec le râteau ou fauchaient. Je me souviens du premier râteau à dents métalliques avec ses deux manches, qui, lorsque la journée était chaude et l'herbe lourde, faillit tuer l'homme et le cheval. Le détenteur jetait son poids dessus pour qu'il agrippe et retienne le foin, puis, dans un spasme d'énergie, le soulevait et lui faisait laisser tomber le foin. De cet instrument grossier, à travers différents types de râteaux en bois et rotatifs, est né le râteau moderne à roues, avec lequel le ratisseur roule à son aise. À cette saison, les vaches étaient amenées à la cour au plus tard à cinq heures, le petit-déjeuner était à six heures, le déjeuner au champ à dix heures, le dîner à midi et le dîner à cinq heures, avec traite et tirage du foin et entassement jusqu'au coucher du soleil. Ces déjeuners en milieu d'avant-midi composés du bon pain de seigle et du beurre de Mère, avec des crullers ou du pain d'épices, et en août un concombre vert frais et une cruche d'eau fraîche de la source - transpirant, non pas comme nous, parce qu'il faisait chaud, mais parce que il faisait froid, sous un frêne ou un érable, comme ce souvenir m'est doux et parfumé !

Jusqu'à l'adolescence, ma tâche était de répandre le foin et de le ratisser ; plus tard, j'ai pris mon tour avec les tondeuses et les pichets. Je n'ai jamais chargé, donc je n'ai jamais lancé par-dessus la grosse poutre. Comme mon père surveillait la météo ! La pluie qui fait l'herbe détruit le foin. Si la matinée ne promettait pas une bonne journée de foin, nos faux seraient meulées mais suspendues à leur place. Lorsqu'un orage se rassemblait à l'ouest et qu'une grande quantité de foin était prête à être transportée, comme cela accélérait nos pas et nos mouvements ! C'était le bruit des canons de l'ennemi qui approchait. En une heure, nous ferions, ou essayerions de faire, le travail de deux. Comme le chariot vacillait sur la route, comme les hommes s'épongaient le visage et comme moi, tout en me dépêchant, j'exultais secrètement d'avoir maintenant une heure pour finir mon arbalète ou pour travailler à mon étang dans le pâturage !

Ces fins d'après-midi d'été, après la douche, quel homme qui a passé sa jeunesse à la ferme ne s'en souvient pas ! Les tonnerres accumulés de la tempête qui recule au-dessus des montagnes de l'est, l'odeur fraîche et humide du foin et des champs, les flaques rouges sur la route, les merles chantant depuis la cime des arbres, l'air lavé et plus frais et le sentiment d'accueil. de détente qu'ils ont apporté. C'était le bon moment maintenant pour désherber le jardin, affûter les faux et faire d'autres petits travaux.

Lorsque la fenaison était terminée, généralement fin août, à mon époque, il y avait généralement une pause de quelques jours.

J'étais le septième enfant d'une famille de dix enfants : Hiram, Olly Ann, Wilson, Curtis, Edmond et Jane sont venus avant moi ; Eden, Abigail et Eveline sont venues après moi. Tous étaient aussi différents de moi dans les qualités mentales par lesquelles je suis connu dans le monde que vous pouvez bien le concevoir, mais tous étaient comme moi dans leurs traits familiaux les plus fondamentaux. Nous avions tous les mêmes infirmités de caractère : nous étions tous des pieds tendres, manquant de courage, de volonté, d'affirmation de soi et de capacité à traiter avec les hommes. Nous étions facilement entassés contre le mur, facilement trompés, toujours prêts à passer au second plan, timides, complaisants, indécis, obstinés mais pas combatifs, égoïstes mais pas affirmés, toujours victimes faciles d'hommes bousculants, grossiers et ingénieux. . Comme pour Père, la parole est venue facilement mais le coup a mis du temps à suivre. Il y a seulement un an ou deux, un homme au paratonnerre a obligé mon frère Curtis et son fils John à placer ses paratonnerres sur leur grange contre leur gré. Ils ne voulaient pas de ses verges mais ne pouvaient pas dire « non » avec suffisamment de force. Il les a simplement levés et leur a fait prendre ses cannes, bon gré mal gré. Curtis s'est fait imposer de la même manière des cartes, des livres, des machines à laver, etc. Je suis capable de résister aux hommes-arbres, aux agents de lecture, etc., et l'homme au paratonnerre, par surprise, m'a trouvé un non-chef d'orchestre résolu ; mais je peux voir comment mes frères les plus faibles ont échoué. J'ai réglé un procès plutôt que de le combattre alors que je savais que la loi et la justice étaient de mon côté. Ma femme a souvent dit que je ne savais jamais quand on m'avait imposé. Je peux le savoir et pourtant penser que le ressentir me causerait plus de douleur que l'affront. Les querelles et les querelles me tuent, mais elles me sont faciles, ainsi qu'à toute ma famille. Mon sens de la dignité personnelle, de l'honneur personnel , n'est pas une plante d'une croissance si tendre qu'elle ne supporte pas les vents violents et les gelées écrasantes. C'est une façon flatteuse de dire que nous sommes une tribu très peu chevaleresque et que nous préférons fuir plutôt que de nous battre à tout moment. Pendant la guerre contre les loyers dans le comté de Delaware en 1844, mon père, qui était un « locataire du bas », s'est enfui un jour chez un voisin lorsqu'il a vu le groupe arriver et s'est réfugié sous le lit, laissant ses pieds dépasser. Mon père ne l'a jamais nié et n'a jamais semblé un peu humilié lorsqu'on en a parlé sur Twitter. Grand-père Kelly semble avoir épuisé tout notre sang combattant en faisant campagne avec Washington, même si je soupçonne plus de la moitié que notre non-combativité vient du côté paternel de la famille. En tant qu'écolier, je ne me suis jamais battu et je n'ai jamais infligé ni reçu de coup hostile depuis. Et je n'ai jamais vu qu'un de mes frères se battre à l'école, et il s'est battu contre le garçon le plus méchant de l'école et l'a bien puni. Je peux le voir maintenant, assis sur la forme prostrée du garçon, avec ses mains serrées dans les cheveux du garçon et enfonçant son visage dans la neige croustillante jusqu'à ce que le sang coule sur son visage. Le moment le plus proche d'une bagarre à l'école a eu lieu quand, un midi, nous jouions au baseball et qu'un garçon de mon âge et de ma taille s'est mis en colère contre moi et m'a mis au défi de poser la main sur lui. Je l'ai fait rapidement, mais sa morsure n'a pas suivi son aboiement. Je n'ai jamais été fouetté à l'école ou à la maison, autant que je me souvienne, même si je l'ai sans doute souvent mérité. Il y a eu beaucoup de réprimandes bruyantes dans notre famille mais très peu de coups.

Père et mère ont eu une lutte assez dure pour payer la ferme, pour nous vêtir, nous nourrir et nous scolariser tous. Nous vivions des produits de la ferme à un point tel que les gens ne songent plus à le faire aujourd'hui. Non seulement notre nourriture était en grande partie cultivée sur place, mais nos vêtements étaient également cultivés et filés à la maison. Dans ma prime jeunesse, notre linge de maison ainsi que nos chemises et pantalons d'été étaient fabriqués à partir de lin qui poussait à la ferme. Ces chemises de pionniers, comme je m'en souviens très bien ! Ils dataient de la souche, et des morceaux de souche en forme de « anas » étaient tissés dans leur texture et faisaient de leur porteur un pénitent involontaire pendant des semaines, ou jusqu'à ce que l'usage et la planche à laver les aient maîtrisés. Les pois dans vos chaussures ne sont pas pires que les « frissons » sur votre chemise. Mais ces chemises de remorquage sont restées à vos côtés. Si vous perdiez votre prise en grimpant à un arbre et que vous vous accrochiez à une branche, votre chemise ou votre pantalon en lin vous retiendrait. L'étoffe à partir de laquelle ils étaient fabriqués avait une histoire derrière elle : arrachée par les racines, enracinée sur le sol, brisée avec un crépitement, fouettée avec un swing et tirée à travers un hetchel , et de toute cette épreuve est né le lin. Je me souviens très bien que mon père travaillait avec lui pendant les jours clairs et vifs de mars, le brisant, puis le balançant avec un long outil en bois semblable à une épée sur l'extrémité d'une planche verticale fixée à la base dans un bloc lourd. Il s'agissait de séparer les fragments fragiles de l'écorce des fibres du lin. Puis, par grandes poignées, il le passa à travers le hetchel — un instrument doté d'une partition ou de plusieurs longues dents de fer pointues, placées sur une planche, rangée après rangée. Cela a éliminé l'étoupe et autres matériaux sans valeur. C'était une très bonne discipline pour le lin ; il redressait ses fibres et les rendait aussi claires et droites que les tresses d'une jeune fille. À partir du remorquage, nous avons tordu les ficelles du sac, les ficelles du fléau et d'autres ficelles. Avec les portions sans valeur, nous avons fait d'immenses feux de joie. Le lin, Mère le massait sur sa quenouille et le filait en fils. La dernière fois que j'ai vu le vieux crépitement, il y a cinquante ans ou plus, il servait de nid à poules sous le hangar, et le vieux sauvage Hetchel faisait son service derrière le vieux baratte quand il bouda et recula pour arrêter la machine à baratter. . C'était alors de la laine hetcheling au lieu du lin. Le lin était filé sur une plume qui passait par le pied et les plumes ou bobines retenant le fil étaient utilisées dans une navette lorsque le tissu était tissé. Le vieux métier à tisser se trouvait dans la porcherie, et là mère tissait son linge, ses tapis en chiffon et ses articles en laine . J'ai « piquant » pour elle à plusieurs reprises, c'est-à-dire faire passer le fil de la bobine en bobines pour l'utiliser dans la navette.

Père avait un troupeau de moutons qui produisait suffisamment de laine pour nos bas, mitaines, conforts et sous-vêtements, ainsi que des draps et des conforts en laine pour les lits. J'ai maintenant quelques-uns de ces draps et couvre-lits en laine faits maison chez Slabsides .

Avant que les moutons ne soient tondus en juin , ils étaient conduits sur trois kilomètres jusqu'au ruisseau pour être lavés. La journée de lavage des moutons était un événement à la ferme. Ce n'était pas une mince affaire de retirer les moutons de la montagne, de les conduire jusqu'au bassin profond derrière le moulin à farine du vieux Jonas More, de les enfermer là-haut, de les traîner un par un dans l'eau et d'en faire de bons baptistes purs ! Mais les moutons ne sont pas des combattants, ils luttent un instant puis se soumettent passivement au baptême. Mes frères aînés faisaient généralement la lessive et moi, je m'occupais du troupeau. Une fois la tonte terminée, quelques jours plus tard, les pauvres créatures furent soumises à une autre épreuve à laquelle, après une brève lutte, elles se résignèrent rapidement. Mon père faisait la tonte, tandis que je tenais parfois les pattes de l'animal. Père n'était pas doué avec les cisailles et la pauvre bête devait généralement se séparer de nombreuses parties de sa peau en même temps que de sa toison. Cela me faisait grimacer autant que le mouton de voir les crêtes de ces petites rides sur sa peau coupées.

Je me demandais comment les moutons se connaissaient et comment les agneaux connaissaient leur mère une fois dépouillés de leur toison. Mais ils l'ont fait. La laine fut bientôt envoyée au fouloir et transformée en rouleaux, bien que je l'ai vue cardée et transformée en rouleaux à la maison à la main. Combien de paquets de rouleaux attachés en feuilles j'ai vu rentrer à la maison ! Puis, pendant les longs après-midi d'été, j'entendais le bourdonnement du grand rouet dans la chambre et j'entendais le pas de la jeune fille qui le faisait courir, allant et venant , tirant et enroulant le fil. Les rouleaux blancs, longs de dix pouces ou plus et de l'épaisseur du doigt, seraient empilés sur la poutre de la roue et un par un seraient attachés à la broche et étirés en fil de la bonne taille. Chaque nouveau rouleau était soudé à l'extrémité de celui qui le précédait afin que le fil ne montre pas la jonction. Mais maintenant, depuis plus de soixante ans, la musique du rouet n'a plus été entendue dans le pays.

Maman cueillait ses oies dans la grange où papa tondait les moutons ; et aider à rassembler le troupeau faisait également partie de mon devoir. Les oies se soumettaient au plumage à peu près aussi facilement que les moutons à la tonte, mais elles présentaient une apparence beaucoup plus déguenillée et désolée après avoir été tondues que les moutons. Cela m'amusait de les voir se rassembler, discuter, rire et se féliciter de la victoire qu'ils venaient de remporter ! — ils étaient sortis des mains de l'ennemi avec seulement la perte de quelques plumes qui ils n'en voudraient pas par temps chaud ! L'oie est le seul habitant qui ricane aussi fort et aussi joyeusement devant une défaite que devant une victoire. Ils sont si complaisants et optimistes que c'est un réconfort pour moi de les voir. La bêtise même de l'oie est une leçon de sagesse. La fierté d'un jars plumé donne du courage. Je pense qu'il est fort probable que nous ayons pris l'habitude de siffler notre désaccord auprès de l'oie, et peut-être que notre autre habitude d'essayer parfois de noyer un adversaire avec du bruit a une origine similaire. L'oie est stupide et peu profonde ; mais quelle dignité et quel caractère impressionnant dans ses clans sauvages migrateurs circulant en rangs ordonnés à travers les cieux printaniers ou automnaux, reliant la baie de Chesapeake et les lacs canadiens en un seul vol ! Les grandes forces sont relâchées et l'hiver est derrière elles dans un cas, et les marées du printemps les portent dans l'autre. Quand j'entends la trompette des oies sauvages dans le ciel , je sais que des événements dramatiques dans les changements saisonniers se produisent.

J'étais le seul des dix enfants qui, comme mon père le disait, « s'est mis à apprendre », bien qu'en soixante-quinze ans passés à lire des livres et des périodiques, je ne sois pas devenu « instruit ». Mais j'ai facilement pris mes distances avec les autres enfants de l'école. Les autres ont à peine appris à lire et à écrire et à chiffrer un peu, Curtis et Wilson à peine cela, Hiram s'est lancé dans la grammaire de Greenleaf et a appris à analyser, mais jamais à écrire ou à parler correctement, et il a chiffré presque l'arithmétique de Dayball . J'ai suivi Dayball , puis Thompkins et Perkins et j'ai bien progressé en algèbre à l'école du district. Cependant, lorsque j'avais treize ou quatorze ans, mon professeur ne semblait pas très impressionné par mes aptitudes, car je me souviens qu'il demandait à d'autres élèves, garçons et filles à peu près de mon âge, de leur apprendre à chacun une grammaire, mais ne le faisait pas. dites-moi. Je me sentais un peu offensé, mais j'ai décidé que j'aurais aussi une grammaire. Père refusant de me l'acheter, j'ai fait des petits gâteaux de sucre d'érable au printemps et, en les vendant dans le village, j'ai obtenu assez d'argent pour acheter la grammaire et d'autres livres. Le professeur a été un peu surpris quand j'ai sorti mon livre comme les autres ont fait le leur, mais il m'a mis dans la classe et j'ai continué avec les autres, mais sans aucune idée que l'étude avait une quelconque incidence pratique sur notre conversation quotidienne. et l'écriture. Ce professeur était un homme supérieur, diplômé de l'école normale d'État d'Albany, mais je n'ai pas réussi à l'impressionner par mes aptitudes scientifiques, qui n'étaient certainement pas remarquables. Mais longtemps après, après avoir lu certains de mes précédents articles dans des magazines, il m'a écrit pour me demander si j'étais effectivement son premier élève de ferme. Son intérêt et ses éloges m'ont procuré un plaisir rare. J'avais enfin justifié cette intrusion maladroite dans son cours de grammaire. Beaucoup plus tard dans sa vie, après avoir émigré au Kansas, lors d'une visite dans l'Est, il m'a rendu visite lorsque je me trouvais par hasard dans ma ville natale. Cela m'a procuré un plaisir encore plus profond. Il est décédé au Kansas il y a de nombreuses années et y est enterré. J'ai voyagé à plusieurs reprises dans cet État et je me souviens toujours qu'il abrite les cendres de mon ancien professeur. C'est une satisfaction pour moi d'écrire son nom, James Oliver, dans ce disque.

À bien des égards, j'étais une personne étrange dans la famille de mon père. J'étais comme une greffe d'un autre arbre. Et cela constitue toujours un désavantage pour un homme : ne pas être le résultat logique de ce qui l'a précédé, ne pas être soutenu par sa famille et son héritage, être de la nature d'un sport. Il semble que j'avais plus de capital intellectuel que ce à quoi j'avais droit et que j'avais volé une partie du reste de la famille, alors que j'avais la pleine mesure des faiblesses familiales. Je me souviens à quel point j'étais gêné quand j'étais enfant lorsque des étrangers ou des parents, nous rendant visite pour la première fois, après avoir examiné le reste des enfants, me demandaient en me montrant du doigt : « Ce n'est pas votre garçon, à qui est-il ? ?" Je n'ai aucune idée que j'avais l'air différent des autres, car je peux voir très clairement l'empreinte familiale sur mon visage jusqu'à ce jour. Mon visage ressemble plus à celui d'Hiram qu'à n'importe lequel des autres, et j'ai un attachement plus profond pour lui que pour n'importe lequel de mes autres frères. Hiram était aussi un rêveur, et il avait son propre idéalisme qui s'exprimait dans l'amour des abeilles, dont il possédait plusieurs ruches à la fois, et des animaux de luxe, des moutons, des porcs, de la volaille, et dans le désir de voir d'autres terres. Ses abeilles et ses animaux de luxe ne l'ont jamais payé, mais il s'est toujours attendu à ce qu'ils le soient l'année suivante. Mais ils lui donnèrent du miel et de la laine d'une certaine sorte, intangible et satisfaisante. Être propriétaire d'un bélier ou d'une brebis des Cotswolds pour lequel il avait payé cent dollars ou plus lui procurait une rare satisfaction. Une saison, dans son innocence, il emmena quelques-uns de ses moutons de luxe à la foire d'État de Syracuse, sans savoir qu'un étranger inconnu n'avait aucune chance dans une telle occasion.

Hiram devait toujours avoir une sorte de jouet. Bien qu'il ne soit pas un chasseur et un tireur d'élite indifférent, il possédait au cours de sa vie plusieurs fusils sophistiqués. Un jour, lorsqu'il est venu me rendre visite à Washington, il a apporté son fusil avec lui, l'arme nue à la main ou sur son épaule. Cet acte n'était qu'un caprice d'un garçon qui aime emporter ses jouets avec lui. Hiram n'était certainement pas venu pour « tirer » sur la ville. Au début des années 60, il possédait un fusil d'une valeur de cinquante dollars fabriqué par un célèbre fabricant de fusils d'Utica. Il y a eu un problème ou un malentendu à ce sujet et Hiram a fait le voyage jusqu'à Utica à pied. J'étais à la maison cet été-là et je me souviens l'avoir vu partir un jour de juin, vêtu d'un manteau noir, penché sur sa marche de cinquante milles pour s'occuper de son fusil de compagnie. Bien sûr, il n'en est rien sorti. Le fabricant de fusils possédait l'argent d'Hiram, et il le rebuta avec de belles paroles ; puis quelque chose s'est produit et l'arme n'est jamais arrivée entre les mains d'Hiram.

Un autre de ses jouets était une timbale avec laquelle il s'amusait pendant de nombreuses saisons au crépuscule de l'été. Puis il reçut une grosse caisse que Curtis apprit à jouer, et un son très guerrier s'élevait souvent de la paisible vieille ferme. Lorsque je me suis marié et que je suis rentré chez moi en voiture, un crépuscule d'octobre, avec ma femme, la musique martiale a commencé dès que nous sommes arrivés en vue de la maison. Au début de la guerre civile, Hiram envisageait sérieusement de s'enrôler comme batteur, mais son père et sa mère l'en dissuadèrent. Je peux imaginer à quel point il aurait été un misérable garçon nostalgique avant qu'une semaine ne se soit écoulée. Pendant de nombreuses années, il fut hanté par le désir d'aller vers l'Ouest et se força réellement à croire que le mois suivant ou le mois suivant, il partirait. Il a gardé sa valise emballée sous son lit pendant plus d'un an, pour être prêt lorsque l'impulsion deviendrait suffisamment forte. Une chute, il est devenu assez fort pour le faire démarrer et l'a transporté jusqu'à White Pigeon, dans le Michigan, où il l'a laissé bloqué. Après avoir rendu visite à un cousin qui vivait là, il revint, et désormais sa fièvre occidentale ne prit plus qu'un type faible et chronique.

Je vous raconte toutes ces choses à propos d'Hiram parce que je suis un peu hors du même bloc et que je me vois en lui. Ses vains regrets, ses résolutions inefficaces, ses rêveries et ses jouets, est-ce que je ne les connais pas tous ? seulement la nature, d'une manière ou d'une autre, s'est montrée un peu plus libérale envers moi et a réalisé beaucoup de mes rêves. Le cher frère ! — il se tenait à côté de moi à côté de mon père et de ma mère. Combien de fois il m'a ouvert la voie à travers les neiges de l'hiver sur le long chemin vers l'école ! Comme il a été fidèle à m'écrire et à me rendre visite partout où j'étais, après avoir quitté la maison ! Comme il avait envie de suivre mon exemple et de rompre avec son ancien lieu, mais il ne parvenait jamais à mettre son courage à exécution jusqu'au point de friction ! Il n'a jamais lu un de mes livres mais il se réjouissait de toute la chance qui était la mienne. Un jour, alors que j'étais à l'école et que je manquais d'argent, Hiram m'a envoyé une petite somme alors que mon père ne pouvait ou ne voulait pas l'envoyer.

Plus tard dans sa vie, il fut récompensé plusieurs fois – et quelle satisfaction ce fut pour moi de le rembourser ainsi !

Hiram a toujours été un enfant, il n'a jamais grandi, ce qui est plus ou moins vrai pour nous tous, et vrai également pour Père. J'étais un être étrange, mais je partageais toutes les infirmités familiales. En fait, j'ai toujours été quelqu'un d'étrange au milieu de la plupart de mes relations humaines dans la vie. Placez-moi dans un rassemblement divers d'hommes et je me séparerai d'eux, ou eux de moi, comme l'huile de l'eau. Je ne me mélange pas facilement avec mes camarades. Je n'ai pas conscience de me replier sur ma coquille, comme on dit, mais je suis conscient d'une certaine pression exercée sur moi par ceux qui m'entourent. Je suppose que ma carapace ou ma peau est trop fine. Burbank a expérimenté des noix en essayant d'en produire une avec une coque fine, jusqu'à ce qu'il en produise finalement une avec une coque si fine que les oiseaux la mangeaient. Eh bien, les oiseaux me dévorent pour la même raison, si je ne fais pas attention. Je suis sociale mais pas grégaire. Je ne m'épanouit pas dans les clubs, je ne fume pas, je ne raconte pas d'histoires, je ne bois pas, je ne dispute pas et je ne reste pas tard. Je suis généralement aussi solitaire qu'un oiseau de proie, même si je n'y fais pas confiance pour les mêmes raisons. J'aime tellement flotter au fil de mes propres pensées. Je me mélange mieux avec les agriculteurs, les ouvriers et les gens de la campagne en général qu'avec les professionnels ou les hommes d'affaires. Les oiseaux d'une même plume se rassemblent, et si nous ne nous sentons pas à l'aise en notre compagnie, nous pouvons être sûrs que nous ne faisons pas partie du bon groupe. Un jour, alors qu'il traversait le continent dans une gare du Minnesota, un homme à la barbe grise ressemblant à un fermier monta dans le train et commença à regarder avec impatience le Pullman comme pour voir dans quel genre de compagnie il se trouvait. Au bout d'un moment, son regard se posa sur moi à l'autre bout de la voiture. Quelques minutes plus tard, il s'est approché de moi, s'est assis à côté de moi et a commencé à me raconter son histoire. Il était venu d'Allemagne dans sa jeunesse et avait vécu cinquante ans dans une ferme du Minnesota et maintenant il retournait visiter son pays natal. Il avait prospéré et avait laissé ses fils s'occuper de sa ferme. Quel air de garçon déscolarisé il avait ! L'aventure lui réchauffait le sang ; il rentrait chez lui et il cherchait quelqu'un à qui annoncer la bonne nouvelle. J'étais probablement le seul vrai compatriote dans la voiture et il m'a repéré immédiatement, une certaine qualité de choses rurales planait autour de nous deux et nous rapprochait. J'avais l'impression qu'il m'avait fait un compliment involontaire. Comme il était simple et communicatif ! À tel point que j'ai pris sur moi de le mettre en garde contre les hommes avec lesquels il risquait de tomber à New York. J'aimerais savoir s'il est arrivé sain et sauf à sa patrie et est retourné dans sa ferme du Minnesota.

Quand j'avais six ou sept ans, un phrénologue charlatan s'est arrêté chez nous et mon père l'a gardé toute la nuit. Le matin, il nous a tous touchés pour payer son logement et son petit-déjeuner. Quand il m'est venu à l'esprit, je me souviens qu'il était devenu enthousiaste. "Ce garçon sera un homme riche", a-t-il déclaré. "Sa tête les bat tous." Et il a parlé de la grande richesse que j'allais accumuler. J'oublie le reste ; mais que mes bosses étaient des pépites d'or sous les doigts du charlatan, cela, je ne l'ai pas oublié. La prophétie ne s'est jamais réalisée, même si j'ai reçu plus d'argent que n'importe quel autre membre de la famille. Trois de mes frères, au moins, n'ont pas réussi d'un point de vue commercial, et même si j'ai moi-même échoué dans toutes les entreprises que j'ai jamais entreprises - à commencer par ce premier coup spéculatif dans les années quarante quand, un matin de mars, je acheté la sève potentielle des deux érables de Curtis pour quatre cents ; pourtant, j'ai connu un certain succès, du point de vue de mon gagne-pain. Mon père accordait moins d'importance à moi qu'aux autres garçons — principalement, je suppose, à cause de mon penchant précoce pour les livres ; c'était donc une profonde satisfaction pour moi, lorsque ses autres fils l'avaient laissé tomber et avaient chargé la vieille ferme de dettes, de pouvoir revenir et pouvoir prendre sur moi le fardeau des dettes et sauver la ferme de tomber entre des mains étrangères. . Mais c'est ma chance, une sorte de chance constitutionnelle et non un talent commercial qui m'a permis de le faire. En me souvenant de la prédiction du vieux charlatan phrénologue, j'avais l'habitude de rêver quand j'étais enfant, surtout une fois, je me souviens, alors que j'entretenais les marmites à sève dans l'érablière, par une belle journée d'avril, de gagner une grande richesse et de venir maison au style imposant et étonnant les indigènes avec mon affichage. Comme la réalité est différente du rêve du garçon ! Je suis effectivement revenu avec quelques milliers de dollars en poche (sur mon livret de banque), triste et opprimé, plus comme un pèlerin faisant pénitence que comme un conquérant revenant de ses victoires. Mais nous avons conservé l'ancienne ferme et, comme vous le savez, elle joue toujours un rôle important dans ma vie même si j'ai transmis le titre à mon frère il y a de nombreuses années. C'est ma seule maison, les autres maisons que j'ai eues n'étaient que de simples lieux de camping pour une journée et une nuit. Mais la richesse que mes bosses indiquaient s'est avérée être d'une nature très obscure et non commerciale, mais d'une sorte que les voleurs ne peuvent pas voler ou que la panique ne peut perturber.

Je me souviens du premier jour où je suis allé à l'école, probablement vers ma cinquième année. C'était dans la vieille école en pierre, à environ un kilomètre et demi de chez moi. Je me souviens très bien du costume que Mère avait confectionné pour l'occasion à partir d'articles en coton rayé avec une paire de petits rabats ou oreilles de chien sur mes épaules qui se balançaient pendant que je courais. J'accompagnais Olly Ann, ma sœur aînée.

À chacune des quatre maisons que nous avons croisé en chemin, j'ai demandé : « Qui habite là ? Je n'ai aucun souvenir de ce qui s'est passé à l'école ces premiers jours, mais je me souviens avoir eu du mal avec l'alphabet peu de temps après ; les lettres étaient disposées en colonne, les voyelles d'abord, a, e, i , o, u, puis les consonnes. Le professeur nous appelait à sa chaise trois ou quatre fois par jour, ouvrait le livre d'orthographe de Cobb, montrait les lettres une par une et me demandait de les nommer, les perçant ainsi en moi. Je me souviens qu'un des garçons, plus âgé que moi, Hen Meeker, est resté un jour coincé sur « e ». "Je parie que le petit Johnny Burris peut dire ce qu'est cette lettre. Monte ici, Johnny." Je suis monté et j'ai immédiatement répondu, à l'humiliation de Hen, "e". "Je vous l'avais bien dit", dit le directeur de l'école . Combien de temps il m'a fallu pour apprendre l'alphabet de cette manière arbitraire, je ne le sais pas. Mais je me souviens avoir abordé les a, b, les abdominaux et maîtrisé lentement ces courtes colonnes. Je me souviens aussi d'être descendu sous le bureau et d'avoir chatouillé les chevilles nues des grandes filles assises sur le siège en face de moi.

Les journées d'été étaient longues et les petits garçons devaient s'asseoir sur les sièges durs, se taire et sortir seulement aux récréations habituelles. Le siège sur lequel je m'asseyais était une dalle retournée à plat vers le haut et soutenue par quatre pieds taillés dans un jeune arbre. Mes pieds ne touchaient pas le sol et je suppose que j'étais très fatigué. Un après-midi, l'oubli du sommeil m'a envahi et quand j'ai repris conscience , j'étais dans la maison d'un voisin sur un canapé et "l'odeur de camphre imprégnait la pièce". J'étais tombé du siège à la renverse, je m'étais cogné la tête contre les pierres saillantes du mur non plâtré derrière moi et j'y avais fait un trou, et je suppose que pour le moment j'avais effectivement dispersé mon esprit d'enfant. Mais Mme Reed avait un corps maternel et me consolait avec des fleurs et des bonbons et baignait mes blessures avec du camphre et je suppose que le petit Johnny redevint bientôt lui-même. Je me suis souvent demandé si une petite protubérance osseuse à l'arrière de ma tête datait de cette collision avec la vieille école en pierre.

Un autre souvenir ancien lié à la vieille école en pierre est celui de voir Hiram, pendant les midis d'été , attraper des poissons dans un seau à l'arrière du moulin à farine du vieux Jonas More et les mettre dans les nids-de-poule dans les rochers de grès rouge, pour y être conservés. jusqu'à ce que nous rentrions à la maison le soir. Ensuite, il les a pris dans son seau et les a mis dans son étang dans le pâturage. Je soupçonne que c'est de cette façon que les chevesnes ont été introduits dans le ruisseau à truites de West Settlement. Les poissons nageaient encore et encore dans les nids-de-poule à la recherche d'un moyen de s'échapper. Je mettais mon doigt dans l'eau, mais je le retirais rapidement lorsque le poisson revenait. J'avais peur d'eux. Mais avant cela, j'ai été un jour paniqué par un faucon qui planait en hauteur. Je vous ai sans doute indiqué où, un jour d'été, alors que je suivais la route sur ce que nous appelions la grande colline, j'ai regardé vers le ciel et j'ai vu une grosse faucon poule décrivant ses grands cercles autour de moi. Une peur soudaine m'envahit et je me réfugiai derrière le mur de pierre. Plus tôt encore dans ma carrière, j'ai eu ma première panique plus loin sur cette même route. Je suppose que j'avais commencé mon premier voyage à la découverte du monde quand, arrivé sur la route Deacon, à côté des bois, j'ai regardé en arrière et, voyant à quelle distance j'étais de chez moi, j'ai été pris d'une soudaine consternation et je me suis retourné et j'ai couru en arrière. aussi vite que je pouvais. J'ai vu un jeune merle faire la même chose alors qu'il s'éloignait d'environ un mètre sur la branche loin de son nid.

Je n'ai maîtrisé que mon ABC dans la vieille école en pierre. Un an ou deux plus tard, nous avons été envoyés dans le district de West Settlement et je suis allé à l'école dans une petite école non peinte avec un ruisseau d'un côté et donnant directement sur l'autoroute de l'autre. C'était également à environ un mille et demi de chez moi, un voyage facile et aventureux en été avec les nombreux attraits des champs, des ruisseaux et des bois, mais en hiver souvent une bataille contre la neige et le froid. L'hiver, nous traversions des parcelles, mes frères aînés se fraient un chemin à travers les champs et les bois. Comme les traces dans la neige – écureuils, lièvres, mouffettes, renards – excitaient ma curiosité ! Et la ligne de rebords sur la gauche dans les bois où frère Wilson avait l'habitude de poser des pièges pour les mouffettes et les coons - comme ils hantaient mon imagination alors que je les apercevais vaguement, marchant péniblement sur notre chemin étroit ! Un doux matin d'hiver, alors que j'étais devenu un garçon de douze ou treize ans, mon jeune frère et moi avons vécu une aventure avec un lièvre. Il était assis sous sa forme dans la neige épaisse, entre les racines d'un érable qui se trouvait au bord du chemin. Nous étions presque sur lui avant de le découvrir. Comme il ne bougeait pas , je me retirai de quelques mètres jusqu'à un mur de pierre et m'armai d'un rocher de la taille de mon poing. En revenant, j'ai laissé conduire, sûr de mon gibier, mais je l'ai raté d'un pied, et le lièvre a bondi par-dessus le mur et est sorti à découvert et s'est dirigé vers les pruches à quatre cents mètres de là. Un lapin sous sa forme à seulement dix pieds de distance ne devient pas si facilement un lapin dans la main. Ce désir du garçon de ferme de tuer toutes les créatures sauvages qu'il voyait était universel à mon époque. J'espère que les choses ont changé à cet égard depuis.

Dans la petite vieille école, j'avais de nombreux professeurs, Bill Bouton, Bill Allaben , Taylor Grant, Jason Powell, Rossetti Cole, Rebecca Scudder et d'autres. Je me suis bien familiarisé avec l'Arithmétique de Dayball , la Géographie d'Olney et j'ai lu l'Histoire des États-Unis de Hall – grâce à cette dernière, je me suis familiarisé avec les guerres indiennes, la guerre française et la Révolution. Certains livres de la bibliothèque du quartier m'ont également attiré. Je pense que j'étais le seul de la famille à prendre des livres à la bibliothèque. Je me souviens particulièrement de "Murphy, le tueur d'Indiens" et de "La vie de Washington". Ce dernier m'a saisi ; Je me souviens qu'un dimanche d'été, alors que je jouais dans la maison avec mes frères aînés, je me suis arrêté pour en lire à haute voix un certain passage, et cela m'a tellement ému que je ne savais pas si j'étais dans le corps ou dehors. J'ai lu ce passage plusieurs fois et à chaque fois j'ai été submergé, pour ainsi dire, par une vague d'émotion. Je mentionne un sujet aussi insignifiant uniquement pour montrer à quel point j'ai été sensible à la littérature dès mon plus jeune âge. Je devrais peut-être contrebalancer cette affirmation par certains autres faits qui ne sont nullement si flatteurs. Il y eut une période dans ma dernière enfance où les recueils de chansons comiques, pour la plupart du genre ménestrel nègre , satisfaisèrent mon envie de littérature poétique. J'apprenais les chansons par cœur et j'inventais et improvisais des airs pour elles. À ce jour, je peux répéter certaines de ces chansons nègres de rang.

Mon goût pour les livres a commencé très tôt, mais mon goût pour la bonne littérature a été beaucoup plus tardif et de croissance lente. Mon intérêt pour les questions théologiques et scientifiques est antérieur à mon amour de la littérature. Durant la seconde moitié de mon adolescence, j'étais très intéressé par la phrénologie et possédais un exemplaire de la « Phrénologie » de Spurzheim et de la « Constitution de l'homme » de Comb. Je me suis également abonné au *Phrenological Journal* de Fowler et j'ai accepté pendant des années la propre estimation des phrénologues de la valeur de leur science. Et j'y vois encore quelques vérités générales. La taille et la forme du cerveau donnent certainement des indices sur l'esprit intérieur, mais sa subdivision en de nombreuses bosses, ou en de nombreuses petites zones, comme un jardin, à partir desquelles chacune d'entre elles produit une récolte différente, est absurde. Certaines fonctions corporelles sont localisées dans le cerveau, mais pas nos traits mentaux et émotionnels – vénération, estime de soi, sublimité – qui sont des attributs de l'esprit dans son ensemble.

En écrivant ces lignes, j'essaie de voir en quoi je différais de mes frères et des autres garçons de ma connaissance. J'avais certainement un intérêt plus vif pour les choses et les événements qui me concernaient. Lorsque M. McLaurie a proposé de fonder une académie dans le village et qu'il est venu là-bas pour prendre le pouls des gens et parler du sujet , je crois que j'étais le seul garçon dans son auditoire. J'avais probablement dix ou douze ans. À un moment donné de son discours, l'orateur a eu l'occasion de m'utiliser pour illustrer son propos : « À peu près de la taille de ce garçon là », a-t-il dit en me désignant, et mon visage s'est rougi d'embarras. L'académie a été créée et j'espérais y participer dans quelques années. Mais le moment où Père pouvait voir comment m'envoyer là-bas n'est jamais venu. Une saison, quand j'avais quinze ou seize ans, j'ai décidé d'aller à l'école à Harpersfield . Un garçon que je connaissais au village y était présent et je voulais l'accompagner. Mon père m'a parlé de manière encourageante et m'a présenté cela comme une récompense possible si j'aidais à accélérer les travaux agricoles. C'est ce que j'ai fait et, pour la première fois, je suis allé au champ avec l'équipe, j'ai labouré et jachéré l'un des lots de chaume d'avoine. J'ai suivi la charrue ces jours de septembre en rêvant de l'Académie Harpersfield autour de moi, mais la réalité n'est jamais venue. Mon père a conclu, après que j'ai fini mon travail de labour, qu'il n'en avait pas les moyens. Le beurre était faible et il avait trop d'autres façons d'utiliser son argent. Je pense qu'il est tout à fait possible que mes rêves m'aient donné ce qu'il y avait de mieux à Harpersfield de toute façon – une aspiration louable n'est jamais perdue. Toutes ces choses me différencient de mes frères.

Mon intérêt pour les questions théologiques s'est manifesté à peu près à la même époque. Un conférencier itinérant à la langue douce et facile est venu au village chargé d'idées nouvelles sur l'immortalité de l'âme, acceptant la vérité littérale du texte « L'âme qui pèche , elle mourra ». J'ai assisté aux réunions et pris des notes du discours désinvolte de l'orateur. Je me souviens très bien que c'est de sa bouche que j'ai entendu pour la première fois le mot « encyclopédie ». Lorsqu'il citait l' Encyclopaedia Britannica pour confirmer quelque affirmation, je n'avais aucun doute sur sa véracité, et je résolus un jour de mettre la main sur ce livre. J'ai toujours ces notes et références que j'ai prises il y a soixante ans.

À un stade beaucoup plus précoce de mon développement mental , j'avais une passion pour le dessin, mais, sans aucune direction, cela ne résultait qu'en un gaspillage de papier. Je voulais marcher avant de pouvoir ramper, peindre avant de savoir dessiner, et en me procurant une boîte d'aquarelles bon marché , j'ai cédé à mes instincts artistiques bruts. Mon œuvre la plus ambitieuse était une photo du général Winfield Scott debout à côté de son cheval et d'une pièce d'artillerie, que j'ai copiée à partir d'une estampe. C'était bien sûr un horrible barbouillage, mais à ce propos j'entendis pour la première fois un nouveau mot, le mot « goût » utilisé dans son sens esthétique. Une des voisines appelait à la maison et, voyant ma photo, elle a dit à ma mère : « Quel goût a ce garçon. Cette application du mot m'a fait une impression que je n'ai jamais oubliée.

À peu près à cette époque, j'ai entendu un autre nouveau mot. Nous travaillions sur la route et moi, avec ma houe, je travaillais à côté d'un vieux fermier quaker, David Corbin, qui était autrefois professeur d'école. Une grande pierre plate était retournée, et en dessous se trouvaient quelques pierres plus petites, disposées de manière ordonnée. "Voici quelques antiquités", dit M. Corbin, et mon vocabulaire reçut un autre ajout. Un nouveau mot ou une nouvelle chose était très susceptible de marquer mon esprit. J'ai raconté ailleurs quelle révélation fut pour moi mon premier aperçu de l'une des parulines, le dos bleu à gorge noire, indiquant ainsi un monde d'oiseaux dont je n'avais jamais rêvé, l'oiseau dans le cœur intérieur. des bois. Mes frères et d'autres garçons étaient avec moi mais ils n'ont pas vu le nouvel oiseau. La première fois que j'ai vu le veery, ou grive de Wilson, reste également gravée dans ma mémoire. Il s'est posé sur la route devant nous, à la lisière du bois. "Un moqueur brun", a déclaré Bill Chase. Ce n'était pas le moqueur mais c'était un oiseau nouveau pour moi et l'image de celui-ci est dans mon esprit comme si elle avait été faite hier. L'histoire naturelle était un sujet inconnu pour moi dans mon enfance, et l'étude de la nature dans les écoles était bien sûr inconnue. Nous avons inconsciemment appris notre histoire naturelle lors du sport à midi, sur le chemin de l'école ou lors de nos excursions dominicales dans les ruisseaux et les bois. Nous avons beaucoup appris sur les comportements des renards, des marmottes, des coons, des mouffettes et des écureuils en les chassant. La perdrix aussi, les corbeaux, les faucons et les hiboux, ainsi que les oiseaux chanteurs des champs et des vergers, entrent tous dans la vie du garçon de ferme. Je me suis très tôt familiarisé avec les chants et les habitudes de tous les oiseaux communs, ainsi qu'avec les mulots, les grenouilles, les crapauds, les lézards et les serpents. Aussi avec les abeilles sauvages et les guêpes. Une saison, j'ai collecté du miel de bourdons, étudiant les habitudes de cinq ou six espèces différentes et fouillant leurs nids. Je gardais ma réserve de miel de bourdon dans le grenier où j'avais une petite boîte pleine de rayon et une grande fiole remplie de miel. Comme j'ai bien connu les différentes dispositions des différentes espèces : le petit à robe rouge qui faisait son nid dans un trou dans la terre ; les petits à robe noire, les grands à robe noire, les à cou jaune, les à bandes noires, etc., qui faisaient leurs nids dans de vieux nids de souris dans le pré ou dans la grange et ailleurs. J'avais l'habitude d'observer et de courtiser les petites grenouilles siffleuses dans les marais printaniers lorsque j'avais conduit les vaches au pâturage la nuit, jusqu'à ce qu'elles s'asseyent dans ma main ouverte et jouent de la pipe. J'avais l'habitude de ramper à quatre pattes dans les bois pour voir la perdrix en train de tambouriner. J'avais l'habitude de regarder les guêpes de boue construire leurs nids dans le vieux grenier et j'ai remarqué leur cri de plainte lorsqu'elles étaient en train d'appuyer sur la boue. J'ai remarqué le même cri plaintif des abeilles lorsque je travaillais sur la fleur du framboisier à fleurs violettes, ce que nous appelions les « scotch caps ». J'ai essayé de piéger les renards et j'ai vite compris à quel point la ruse du renard surpassait la mienne. J'ai reçu ma première leçon de psychologie animale du vieux Nat Higby alors qu'il passait à cheval un jour d'hiver, ses énormes pattes se rejoignant presque sous le cheval, juste au moment où un chien courait un renard à travers notre terrain en haute montagne. "Mon garçon," dit-il, "ce renard court peut-être aussi vite qu'il peut, mais si vous vous teniez derrière ce gros rocher à côté de son parcours, et qu'à son arrivée, vous sautiez et criiez 'bonjour', il courrait plus vite. ". C'était l'hiver où, dans mon imagination, j'ai vu un flot de dollars en argent venir des renards roux que j'avais l'intention de priver de leur peau au moment où ils en avaient le plus besoin. J'ai raconté ailleurs mes expériences de piégeage et mon échec total.

Je suis né à Roxbury, New York, le 3 avril 1837. Au moins deux autres auteurs américains remarquables sont nés le 3 avril : Washington Irving et Edward Everett Hale. Ce dernier m'a écrit un jour une lettre d'anniversaire dans laquelle il disait entre autres : « J'ai consulté mon journal pour voir ce que je faisais le jour de ta naissance. J'ai découvert que je passais un examen de logique à Harvard. Collège." Le seul autre auteur américain né en 1837 est William Dean Howells, né dans l'Ohio en mars de la même année.

J'étais le fils d'un agriculteur, qui était le fils d'un agriculteur, qui était encore le fils d'un agriculteur. Il n'y a plus d'hommes de métier ou de commerçants dans ma lignée depuis plusieurs générations, mon sang a en lui le goût du terroir ; c'est rural jusqu'à la dernière goutte. Je ne trouve aucun citadin dans la lignée de mes origines dans ce pays. La tribu des Burroughs, aussi loin que je puisse en trouver des récits, était principalement composée de compatriotes et de cultivateurs de la terre. Le révérend George Burroughs, qui a été pendu comme sorcière à Salem, Massachusetts, en 1694, était peut-être de la famille, bien que je n'en trouve aucune preuve. Je voulais croire qu'il l'était et en 1898, je me suis rendu à Salem et à Gallows Hill pour voir l'endroit où lui, la dernière victime de l'engouement pour la sorcellerie, a mis fin à ses jours. Il ne fait aucun doute que le prédicateur renégat Stephen Burroughs, qui a volé un grand nombre de sermons de son père et s'est établi comme prédicateur et faussaire pour son propre compte vers 1720, était un troisième ou quatrième cousin de mon père.

Les agriculteurs au penchant résolument religieux ont contribué aux principaux éléments de ma personnalité. J'étais un compatriote teint dans la laine, oui, plus que cela, né et élevé dans les os, et mon caractère est fondamentalement respectueux et religieux. La religion de mes pères a subi en moi une sorte de métamorphose et est devenue quelque chose qui leur aurait effectivement semblé un athéisme pur et simple, mais qui était néanmoins pleine de l'essence même de la vraie religion : l'amour, le respect, l'émerveillement, le non-mondain et la dévotion à vérité idéale – mais en aucun cas identifiée à l'Église ou au credo.

J'avais l'habitude de penser que mon tempérament religieux était aussi clairement imputable au dur calvinisme de mes pères, que le grès stratifié peut être attribué à la vieille roche de granit, mais qu'il avait subi une transformation radicale comme l'avait fait le grès, ou dans mon cas un changement radical. la science change grâce à l'activité de l'esprit et de l'époque dans laquelle j'ai vécu. C'était un rationalisme teinté de mysticisme et chaleureux d'émotion poétique.

Mon grand-père et mon arrière-grand-père paternels sont venus de Bridgeport, dans le Connecticut, vers la fin de la Révolution et se sont installés à Stamford, dans le comté de Delaware, à New York. Le capitaine Stephen Burroughs de Bridgeport, mathématicien et homme remarquable à son époque, était le grand-oncle de mon père. Mon père disait que son oncle Stephen pouvait construire un bateau et faire le tour du monde avec lui. Le nom de famille est encore courant dans et autour de Bridgeport. Le premier John Burroughs dont je puisse trouver des traces est venu des Antilles dans ce pays et s'est installé à Stratford, Connecticut, vers 1690. Il a eu dix enfants, et dix enfants par famille était la règle jusqu'à mon propre père. Un mois d'octobre, alors que nous étions en croisière avec un petit bateau à moteur sur le détroit de Long Island, le stress météo nous a obligés à chercher refuge dans le port de Black Rock , qui fait partie de Bridgeport. Le matin, nous sommes allés à terre, et alors que nous marchions dans une rue à la recherche de la ligne de tramway pour nous emmener en ville, nous avons vu un grand bâtiment en brique avec la légende dessus : « La maison Burroughs ». J'avais envie d'y entrer et de réclamer son hospitalité : après notre rude expérience sur le Sound, son look et son nom étaient particulièrement invitants. Un descendant du capitaine Stephen Burroughs en fut probablement le fondateur.

Mon arrière-grand-père, Ephraim, je crois, est mort en 1818 et a été enterré dans la ville de Stamford, dans un champ qui est maintenant cultivé. Mon grand-père, Eden Burroughs, est décédé à Roxbury en 1842, à l'âge de 72 ans, et mon père, Chauncey A. Burroughs, en 1884, à l'âge de 81 ans.

Mon grand-père maternel, Edmund Kelly, était irlandais, bien que né dans ce pays vers 1765. C'est de sa souche irlandaise que je tire bon nombre de mes caractéristiques celtiques – mon tempérament résolument féminin. J'ai toujours senti que j'étais plus une Kelly qu'une Burroughs. Le grand-père Kelly était un petit homme, avec une grosse tête et des traits irlandais marqués. Il est entré dans l'armée continentale alors qu'il n'était qu'un jeune garçon, dans une fonction subalterne, mais avant la fin, il portait un mousquet dans les rangs. Il était avec Washington à Valley Forge et avait de nombreuses histoires à raconter sur leurs difficultés. Il avait plus de soixante-quinze ans lorsque je me souviens de lui pour la première fois : un petit homme vêtu d'un manteau bleu avec des boutons de cuivre. Lui et grand-mère venaient chez nous une ou deux fois par an pendant une semaine ou deux à la fois. Leur domicile permanent était chez l'oncle Martin Kelly à Red Kill, à huit miles de là. Je me souviens de lui comme d'un grand pêcheur. Combien de fois, les matins de mai ou de juin, dès qu'il avait pris son petit-déjeuner, l'ai-je vu creuser des vers et se préparer à aller pêcher à

Montgomery Hollow ou à Meeker's Hollow, ou à West Settlement ! On pouvait toujours être sûr qu'il rapporterait à la maison un joli chapelet de truites. Parfois, j'étais autorisé à l'accompagner. Avec quelle agilité il marchait, même quand il avait plus de quatre-vingts ans, et avec quelle habileté il prenait la truite ! J'étais moi-même pêcheur avant l'âge de dix ans, mais grand-père prenait des truites dans des endroits du ruisseau où je ne pensais pas que cela valait la peine de lancer mon hameçon. Mais je n'ai jamais pêché quand je l'accompagnais, je portais le poisson et je le surveillais. Le retour à la maison, souvent sur deux ou trois milles, mettait à rude épreuve mes jeunes jambes, mais grand-père montrait très peu de fatigue, et je sais qu'il n'avait pas la faim vorace que j'avais toujours quand j'allais à la pêche, à tel point que je pensais là. C'était à cet égard quelque chose de particulier dans le fait d'aller à la pêche. Une heure au bord des ruisseaux à truites développerait en moi plus de faim qu'une demi-journée à biner le maïs ou à travailler sur la route - un désir de nourriture particulièrement féroce et absorbant, de sorte qu'un morceau de pain de seigle et de beurre était la chose la plus délicieuse de tout le monde. le monde. Je me souviens qu'un jour de juin, mon cousin et moi, alors que nous avions sept ou huit ans, sommes partis pour Meeker's Hollow pêcher la truite. C'était une traction de plus de trois kilomètres et sur une colline assez dure. Notre courage a tenu bon jusqu'à ce que nous atteignions le ruisseau, mais nous avions trop faim pour pêcher ; nous sommes retournés chez nous et nous nous sommes nourris des fraises des bois dans les pâturages et les prairies que nous avons traversés et elles nous ont maintenus en vie jusqu'à notre retour à la maison. Oh, cette faim de jeunesse au bord du ruisseau à truites, y a-t-il jamais eu quelque chose de pareil au monde !

Le grand-père Kelly était pêcheur presque jusqu'à l'année de sa mort, à l'âge de quatre-vingt-huit ans. Il possédait peu de biens du monde et il n'en voulait pas. Son seul vice était le tabac à brancher , sa seule récréation était la pêche et sa seule lecture de la Bible. Combien de temps et avec quelle attention il examinerait le Livre ! — mais je ne l'ai jamais entendu le commenter ni exprimer aucune opinion ou conviction religieuse. Il croyait aux sorcières et aux hobgobelins : il les avait vues et expérimentées et nous racontait des histoires qui nous faisaient presque peur de nos propres ombres. Ma propre horreur de jeunesse pour l'obscurité, et pour les pièces, les recoins et les caves sombres, même pendant la journée, était sans aucun doute due en grande partie aux récits à glacer le sang de grand-père. Pourtant, je me trompe peut-être, car je me souviens d'une expérience effrayante que j'ai vécue lorsque j'étais enfant de trois ou quatre ans. Je me vois la nuit avec d'autres enfants recroquevillés dans un coin de la vieille cuisine, les yeux fixés sur l'espace noir de la porte ouverte de la chambre occupée par mon père et ma mère. Ils étaient sortis pour la soirée et nous attendions leur retour. L'agonie de cette attente, je n'oublierai jamais. Que les autres enfants partagent ou non ma peur, je ne m'en souviens pas ; c'est probablement ce qu'ils ont fait, et peut-être m'ont-ils fait part de leur peur. Je ne pouvais pas détourner mes yeux de l'entrée de cette caverne noire, même si je n'ai aucune idée de ce que j'aurais pu imaginer qu'elle contenait et qui me ferait du mal. Ce n'était que la peur héritée de l'enfant du noir, de l'inconnu, du mystérieux. Les histoires de grand-père ont sans aucun doute renforcé cette peur. Cela s'est accroché à moi tout au long de mon enfance et jusqu'à ma quinzième ou seizième année et était particulièrement aigu vers mes douzième et treizième années. La route à travers les bois au crépuscule, la grange, la remise, la cave mettaient mon imagination sur la pointe des pieds. Si je devais contourner le cimetière sur la colline, au bord de la route, dans l'obscurité, je le faisais avec beaucoup de précautions. J'avais trop peur pour courir, de peur que les fantômes de tous les morts qui y étaient enterrés ne soient sur mes talons.

Il est probable que mon amour pour la vie contemplative et pour la nature me soit davantage dû à ma mère qu'à mon père ; La mère avait la gêne des Celtes, le père pas du tout, bien qu'il ait le tempérament celtique : cheveux roux et taches de rousseur ! Le petit homme aux cheveux roux, aux taches de rousseur et à la voix dure faisait beaucoup de bruit dans la ferme, criant contre le bétail, envoyant le chien après les vaches ou après les cochons dans le jardin, ou nous donnant ses ordres dans les champs. ou en criant ses instructions pour les travaux après son départ pour le village de Beaver Dam. Mais son aboiement était toujours plus à craindre que sa morsure. Il menaçait bruyamment mais punissait doucement ou pas du tout. Mais il a amélioré les champs, il a défriché les bois, il a lutté contre les rochers et les pierres, il a payé ses dettes et il a gardé sa foi. Ce n'était pas un homme de sentiments, même s'il était un homme de sentiments. Il était facilement ému aux larmes et avait de fortes convictions et émotions religieuses. Ces émotions s'exprimaient souvent dans la lecture à haute voix de son livre de cantiques sur un curieux ton ondoyant et chantant. Il ne connaissait rien de ce que nous appelons l'amour de la nature et il ne devait presque rien aux livres après ses années d'écolier. Il publiait habituellement deux publications hebdomadaires : un journal d'Albany ou de New York et un journal religieux appelé *The Signs of the Times*, l'organe de la Old School Baptist Church, dont il était membre. Il ne m'a jamais posé de questions sur mes propres livres et je doute qu'il se soit jamais penché sur l'un d'entre eux. À quelle distance le courant de mes pensées et de mes intérêts s'éloignait du courant de ses pensées et de ses intérêts ! La littérature dont il n'avait jamais entendu parler, la science et la philosophie lui étaient un monde inconnu. La religion (prédestinarisme dur), la politique (démocratique) et l'agriculture occupaient toutes ses pensées et son temps. Il n'avait aucune envie de voyager, il n'était ni chasseur ni pêcheur, et les spectacles et les vanités du monde ne le dérangeaient pas. Quand j'ai commencé à avoir envie d'aller à l'école et de lire, il a été inquiet à l'idée que je devienne un pasteur méthodiste — son aversion particulière. La religion, dans des termes aussi faciles et aussi grossiers que ceux de ses voisins méthodistes , lui faisait dilater les narines de mépris. Mais la littérature était un ennemi dont il n'avait jamais entendu parler. Un écrivain de livres n'avait pas sa place dans sa catégorie d'occupations humaines ; et quant à un poète, il l'aurait probablement classé parmi les maîtres à danser. Pourtant, tard dans sa vie, lorsqu'il a vu ma photo dans un magazine, on dit qu'il a versé des larmes. Pauvre Père, son cœur était tendre, mais concernant tout ce qui remplit et émeut le monde, son esprit était sombre. C'était un bon agriculteur, un voisin serviable , un parent et un mari dévoué, et il accomplissait bien le travail dans le monde qui lui incombait. L'étroitesse et l'intolérance de sa classe, de son église et de son époque étaient les siennes, mais la probité de caractère, la bonne volonté et une nature religieuse fervente étaient également les siennes. Son cœur était bien plus doux que sa croyance. Il pouvait se moquer de la religion ou de la politique de son voisin , mais il était toujours prêt à lui prêter main-forte.

Le premier souvenir dont je me souvienne remonte à un jour de printemps de ma petite enfance. La « fille à gages » avait jeté mon chapeau de paille de la pierre sur la route. Dans mon chagrin et mon impuissance à la punir comme je pensais qu'elle le méritait, j'ai levé les yeux vers la colline au-dessus de la maison et j'ai vu mon père traverser le sol labouré avec un sac attaché sur la poitrine dans lequel il semait du grain. Ses pas mesurés, le sac blanc et son bras oscillant régulier formaient une image sur le fond de terre rouge, le tout accentué sans doute par mon état d'esprit excité, qui s'est imprimé de manière indélébile dans ma mémoire. Il a parcouru ces collines avec ce sac suspendu autour du cou, semant du grain pendant de nombreuses années.

Une autre photo printanière de lui bien plus tard dans la vie, alors que j'étais un homme adulte et que je rentrais chez moi en visite, me vient à l'esprit. Je le vois suivre un attelage de chevaux attelés à une herse à travers un champ labouré, traînant l'avoine. Il va et vient tout l'après-midi, la poussière ruisselant derrière lui et le sol s'aplanissant à mesure que son travail avançait. Je suppose que j'avais le sentiment que j'aurais dû prendre sa place. Il faisait toujours ses récoltes en saison et les rassemblait en saison. Sa ferme était son royaume et il n'en voulait pas d'autre. Je le vois s'affairer, appeler le chien, "hurler" contre le bétail ou les moutons ou contre les hommes qui travaillent dans les champs, faisant beaucoup de bruit inutile, mais toujours en pensant à ses récoltes et au meilleurs intérêts de la ferme. C'était un homme casanier, qui n'avait aucune envie de voyager, peu de curiosité pour les autres pays, à l'exception peut-être des pays bibliques, et éprouvait un mépris honnête pour les modes de vie et les citadins. Il était aussi indifférent qu'un enfant et demandait à un homme son opinion politique ou à une femme son âge dès qu'il leur demandait l'heure de la journée. Il avait peu de délicatesse de sentiment du côté conventionnel mais une grande tendresse d'émotion du côté purement humain. Sa franchise était parfois épouvantable et il faisait souvent apparaître un air de honte sur le visage de sa mère. Il avait reçu une assez bonne scolarité pour l'époque et était lui-même professeur d'école pendant les mois d'hiver. Sa mère était l'une de ses élèves lorsqu'il enseignait à Red Kill. Je suis passé devant la petite école récemment et je me suis demandé s'il y avait une homologue d'Amy Kelly parmi les quelques filles que j'ai vues debout près de la porte, ou s'il y avait une corne blanche aux cheveux roux et aux taches de rousseur au bureau du professeur à l'intérieur. Mon père n'était qu'une seule fois à New York, dans les années 20, et n'a jamais vu la capitale de son pays ou de son État. Et je suis sûr qu'il n'a jamais fait partie d'un jury ni intenté de procès à mon époque. Il s'est intéressé à la politique et a toujours été un démocrate et, pendant la guerre civile, je le crains, un « cuivre ». Sa religion ne voyait aucun mal dans l'esclavage. Je me souviens de l'avoir vu dans une procession politique pendant la campagne d'Harrison en 1840. Il était avec une bande d'hommes debout dans un chariot au milieu duquel se dressait un poteau sur lequel se dressait une peau de raton laveur ou un raton laveur en peluche. Je suppose que ce que j'ai vu faisait partie d'un cortège politique d'Harrison.

Son père « a fait l'expérience de la religion » dès son plus jeune âge et est devenu membre de l'Église baptiste de la vieille école. Pour devenir membre de cette église, il ne suffisait pas de vouloir mener une vie meilleure et de servir Dieu fidèlement ; vous devez avoir eu une certaine expérience religieuse, avoir traversé une crise comme Paul, avoir été convaincu de péché d'une manière frappante et être descendu dans les profondeurs de l'humiliation et du désespoir, puis, alors que tout semblait perdu, avoir entendu la voix de pardon et d'acceptation et j'ai effectivement senti que tu étais maintenant un enfant de Dieu. Cette expérience cruciale, le candidat à l'adhésion à l'Église était appelé à la raconter devant les anciens de l'Église, et si l'histoire semblait vraie, il ou elle était en temps voulu inscrit en compagnie de quelques élus. Il ne fait aucun doute qu'il s'agit d'une véritable expérience pour la plupart de ces personnes — une période de tempête et de stress qui a duré des semaines ou des mois avant que la joie de la paix et du pardon ne parvienne à leur âme. J'ai entendu certaines de ces expériences et j'ai lu le récit de bien d'autres dans *Les Signes des Temps*, que mon Père a suivi pendant plus de cinquante ans. La conversion fut radicale et durable, ces hommes menèrent des vies changées pour toujours. Avec eux, un jour enfant de Dieu, toujours enfant de Dieu, la réforme n'a jamais échoué. C'était une foi à toute épreuve et elle a bien résisté à l'usure de la vie. Mon père n'était pas ostensiblement religieux. Loin de là. Je l'ai vu tirer le foin le dimanche lorsqu'une averse menaçait, et une fois je l'ai vu porter un fusil lorsque les pigeons étaient dans les parages ; mais il est revenu sans jeu avec un air coupable quand il m'a vu, et je pense qu'il n'a jamais faibli dans sa foi baptiste de la vieille école. Il n'y avait aucune observance religieuse dans la famille ni aucune instruction religieuse. Père lisait son livre de cantiques et sa Bible et parfois ses *Signes*, mais ne nous obligeait jamais à les lire. Son église ne croyait pas aux écoles du dimanche ni à aucune sorte de formation religieuse. Leurs prédicateurs ne préparaient jamais leurs sermons mais prononçaient les paroles que l'Esprit leur mettait dans la bouche. Comme il s'agissait pour la plupart d'hommes illettrés, l'Esprit devait répondre de nombreux péchés de rhétorique et de logique. Leurs discours faisaient plus honneur à leur cœur qu'à leur tête. Je me souviens très distinctement de certains de leurs prédicateurs, ou Anciens, comme on les appelait – Elder Jim Mead, Elder Morrison, Elder Hewett, Elder Fuller, Elder Hubble – tous agriculteurs et ignorants des traditions de ce monde, mais des hommes sérieux et certains dont des personnages forts et pittoresques. Jim Mead marchait généralement pieds nus pendant l'été, et ma mère m'a dit un jour qu'il prêchait souvent pieds nus à l'école. Elder Hewett était leur homme fort pendant ma jeunesse – un esprit étroit et obscur éprouvé par la sagesse des écoles, mais un homme d'une force de caractère native et atteignant souvent dans sa prédication une éloquence vraie et élevée. Ses discours, si l'on peut qualifier ainsi leur fouillis de textes bibliques, n'ont jamais été un appel aux pécheurs à se repentir et à être sauvés – Dieu s'en occuperait lui-même – mais une justification véhémente tirée des Écritures du credo baptiste de la vieille école, ou de la doctrine d'élection et de justification par la foi, non par les œuvres. Les méthodistes ou arminiens , comme il les appelait, étaient une épine dans son pied et il ne se lassait jamais de lancer ses textes pauliniens contre leurs conditions de salut faciles et bon marché. Aurait-il été convaincu qu'il devait partager le paradis avec les Arminiens , je crois qu'il aurait préféré tenter sa chance dans l'autre endroit. L'intolérance religieuse est une chose laide, mais ses jours dans ce monde sont comptés, et le jour de la Old School Baptist Society semble compté. Leur église, qui était souvent bondée dans ma jeunesse, est aujourd'hui presque déserte. Cette génération est trop légère et frivole pour un credo aussi héroïque : les fils des anciens membres ne sont pas assez hommes pour résister au poids moral du calvinisme et de la prédestination. Aussi absurde que la doctrine nous paraisse, elle a accompagné ou engendré quelque chose chez ces hommes et ces femmes d'autrefois – une fibre morale et une profondeur de caractère – à laquelle les générations ultérieures sont étrangères. Bien sûr, ces hommes étaient plus proches de la souche que nous et possédaient plus de vertus et de robustesse que nous, et les luttes et la victoire ou la défaite faisaient plus partie de leur vie que de la nôtre, un credo dur avec des termes héroïques de le salut convenait mieux à leurs humeurs qu'aux nôtres.

Ma foi de jeunesse en un Dieu jaloux et vengeur, qui d'une manière ou d'une autre avait été inculquée dans mon esprit, a été brutalement ébranlée un jour d'été lors d'un orage. L'idée m'était venue à l'esprit que si, d'une manière ou d'une autre, nous nous moquions des pouvoirs d'en haut ou si nous manquions de respect à leur égard, la vengeance s'ensuivrait, rapide et sûre. Lors d'un grand carillon au-dessus de moi, le garçon avec qui je jouais leva délibérément ses lèvres méprisantes vers les nuages et exprima d'une autre manière son défi. J'ai assez grincé des dents; Je m'attendais à voir mon compagnon frappé par la foudre à mes côtés. Le fait que je me souvienne si clairement de l'incident montre quelle profonde impression il m'a fait. Mais j'ai depuis longtemps cessé de penser que le Maître des tempêtes voit ou se soucie de savoir si nous faisons ou non des grimaces aux nuages — faites bien votre travail et faites toutes les grimaces ironiques que vous voulez.

Ma montagne natale, des reins de laquelle je suis issu, s'appelle la Vieille Clump. Il est assis là, la tête nue mais les côtés en manteau, regardant vers le sud et tenant la ferme de trois cent cinquante acres sur ses genoux. La ferme avec ses champs en damier s'étend là comme un immense tablier, s'étendant sur les cuisses en pente douce à l'ouest et à l'est et remontant jusqu'à la poitrine, formant les grands champs escarpés de montagne où paissent les moutons et les jeunes bovins. Ces alpages connaissaient rarement la charrue, mais les larges champs à flanc de colline, au nombre de quatre, qui couvrent l'intérieur de la cuisse occidentale, ont été alternativement labourés et pâturés depuis mon enfance et avant. Ils donnent de bonnes récoltes de seigle, d'avoine, de sarrasin et de pommes de terre, et de bons pâturages d'été. En hiver, d'énormes bancs de neige s'étendent juste en dessous du sommet de la colline, masquant les clôtures de pierre sous huit ou dix pieds de neige. J'ai vu ces banques s'y attarder jusqu'à la mi-mai. Je me souviens avoir porté une cruche d'eau par une chaude journée de mai à mon frère Curtis qui labourait la colline la plus haute et la plus raide et dont la charrue avait presque atteint le bord de l'immense banc de neige. Parfois, les marmottes ressentent l'appel du printemps dans leurs tanières situées sous leurs pieds et se frayent un chemin à travers la neige grossière et granuleuse, laissant des traces boueuses partout où elles passent. J'ai « transporté ensemble » de l'avoine et du seigle dans tous ces domaines. Un mois de septembre, au cours de la première année de la guerre civile, 1862, nous travaillions là-bas dans les champs d'avoine et Hiram parlait toutes les heures de s'enrôler dans l'armée comme garçon de tambour. Lorsque le bétail y paissait, on peut souvent les voir depuis la route sur la partie est d'Old Clump qui est plus basse, se découpant sur le ciel du soir. Le bêlement des moutons dans le crépuscule calme de l'été au sein d'Old Clump est aussi un doux souvenir. Ainsi que le chant du moineau vespéral, que l'on peut entendre tout l'été flotter au-dessus de ces douces solitudes pastorales. Dans l'un de ces champs à flanc de colline, mon père et son employé, Rube Dart, étaient un jour en train de tirer de l'avoine sur un traîneau lorsque la charge a chaviré tandis que Rube avait sa fourchette dedans sur le dessus, essayant de la maintenir enfoncée, et la fourche avec Rube s'y accrochant décrivait un cercle complet dans les airs, Rube atterrissant sur ses pieds en dessous, pas plus mal pour son aventure.

La ferme de grand-père, que lui et grand-mère ont creusée dans la nature au cours des dernières années de 1700 et où le père est né en 1802, se trouve juste au-dessus de la colline, sur le genou ouest d'Old Clump, et se trouve dans le bassin versant de West Settlement, un endroit très vallée plus large et plus profonde de près d'une douzaine de fermes, et dont ma vallée natale est un affluent. L'érablière se trouve près de l'aine de la vieille montagne, les « bois de hêtres » sur le genou est, et Rundle Place, où se trouve maintenant Woodchuck Lodge, se trouve sur ses flancs qui regardent vers l'est. Par conséquent, la majeure partie de la ferme familiale se trouve à part dans une vallée. Lorsque vous approchez du train venant du sud, vous verrez peut-être Old Clump s'élever au nord à huit ou dix milles de distance, présentant l'apparence d'un cône bien défini, avec la partie supérieure de la ferme montrant et cachant derrière elle la montagne. système dont il constitue l'extrémité sud.

Old Clump a joué un rôle important dans ma vie d'enfant et à peine moins dans ma vie depuis. La première corne de cerf que j'ai jamais vue, nous l'avons trouvée un dimanche, sous un rocher en saillie, alors que nous nous dirigeions vers le sommet. Mes excursions pour saler et compter les moutons m'y conduisaient souvent, et ma soif d'enfance pour la nature sauvage et l'aventure m'y conduisait encore plus souvent. Old Clump avait l'habitude de me soulever dans les airs à trois mille pieds et de me présenter sa grande confrérie des montagnes lointaines et proches, et de me faire connaître l'exaltation à pleine poitrine qui attend quelqu'un au sommet des montagnes. Graham, Double Top, Slide Mountain, Peek o' Moose, Table Mountain, Wittenburg, Cornell et d'autres sont visibles depuis le sommet. Il y avait aussi quelque chose de si doux et de primitif dans ses clairières naturelles et ses clairières ouvertes, dans la source qui jaillissait de sous un rocher incliné juste en dessous du sommet, dans les terrasses herbeuses, ses rebords cachés, ses branches dispersées et basses. , les érables couverts de mousse, le caractère cloîtré de ses bouquets de petits hêtres, ses sorbiers d'aspect domestique, ses cerisiers noirs sauvages aux allures de verger, ses parcelles de airelles, de framboises et de fraises aux allures de jardin, les parcelles de freins odorantes comme des denses des forêts miniatures à travers lesquelles on patauge comme à travers des parcelles de neige verte en plein été, ses divines souches de grive ermite flottant hors des profondeurs boisées au-dessous de vous - toutes ces choses m'ont attiré quand j'étais un garçon et m'attirent toujours comme un vieil homme.

De l'endroit où la route traverse le genou est d'Old Clump jusqu'à l'endroit où elle traverse le genou ouest, il y a plus d'un demi-mile. Au fond de la vallée qui les sépare, se trouvent les bâtiments d'habitation, et en contrebas les prairies anciennes et très productives, dont seules les bordures supérieures ont jamais connu la charrue. Le petit ruisseau qui draine la vallée regorgeait autrefois de truites, mais en soixante ans il a tellement diminué et a été si presque oblitéré par le pâturage du bétail qu'il n'y a plus de truite jusqu'à ce qu'on atteigne les pruches au seuil desquelles je pêche. les excursions de l'enfance se terminaient. Les bois étaient trop sombres et mystérieux pour mon imagination enflammée – enflammée, je suppose, par les histoires effrayantes de grand-père. Dans ce petit ruisseau du pâturage , je construisais des étangs dont les ruines de l'un d'entre eux sont encore visibles. Dans cet étang, j'ai appris à nager, mais aucun de mes frères ne s'y aventurait avec moi. J'étais le seul de la famille à maîtriser l'art de la natation et je l'ai maîtrisé en pagayant constamment dans cet étang les dimanches et les soirs d'été et entre mes tâches agricoles à d'autres moments. Tous mes gens étaient des "terrestres" du type le plus prononcé et craignaient de se mettre à l'eau au-dessus des genoux ou de se fier aux chaloupes ou à d'autres embarcations. Là encore, j'étais un personnage étrange.

J'avais l'habitude de fabriquer des cerfs-volants, des arbalètes et des fléchettes et de faire des puzzles aux gens avec l'astuce des blocs Buncombe. Un été, j'ai fabriqué un très grand cerf-volant, plus grand que tout ce que j'avais jamais vu, et, en attachant une corde d'un demi-mile de long, je l'ai envoyé avec une souris des prés attachée au milieu du cadre. Je suppose que je voulais donner à cette petite créature des chemins sombres et cachés de la prairie - si effrayée par les faucons, les renards et les chats, qu'elle se montre rarement hors de ses tunnels secrets au fond des prairies ou de ses retraites sous les pierres plates des pâturages – un avant-goût du ciel et du soleil et un aperçu du vaste monde dans lequel il vivait. Il descendit en clignant des yeux, mais il ne paraissait pas plus mal de son voyage vers le ciel, et je le laissai raconter sa merveilleuse aventure à ses camarades.

Une fois, j'ai construit une scierie miniature au bord de la route sur le débordement de l'eau de la source de la maison qui faisait s'arrêter et rire les passants. Il y avait un barrage, un canal, une roue dépassée de dix pouces de diamètre, un chariot pour la bûche (un concombre vert), une porte pour la scie à étain d'environ six pouces de long et une superstructure de moins de deux pieds de haut. L'eau atteignait la roue à travers un morceau de vieux rondin de pompe de trois ou quatre pieds de long, surmonté du corps d'une vieille corne de fer-blanc. Placée à un angle assez prononcé, l'eau sortait de l'ouverture d'un demi-pouce à l'extrémité du klaxon avec suffisamment de force pour faire bourdonner la petite roue et envoyer la scie à travers le concombre à un rythme rapide - seulement j'ai dû pousser le chariot le long. par la main. Frère Hiram m'a aidé à installer cette usine. C'était mon jouet pendant une seule saison.

J'ai fabriqué un pistolet croisé qui avait un canon (au bout duquel on laissait tomber la flèche) et un verrou avec une gâchette, et c'était vraiment une arme malveillante et dangereuse. Vers ma quinzième année, j'avais un vrai fusil, un petit fusil à double canon fabriqué par un ingénieux forgeron, je crois. Mais il avait d'assez bonnes qualités de tir : à plusieurs reprises, j'ai abattu des pigeons sauvages de la cime des arbres. Des lapins, des écureuils gris, des perdrix tombèrent également devant lui. Je l'ai acheté à un colporteur pour trois dollars, en payant à tempérament, avec de l'argent fabriqué avec du sucre d'érable.

Sur le côté boisé ouest d'Old Clump, nous chassions les lapins – en réalité le lièvre du Nord, brun en été et blanc en hiver. Leurs pistes traçaient des chemins parmi les érables de montagne juste en dessous du sommet. Du côté est se trouvait un endroit plus propice aux écureuils gris, aux ratons laveurs et aux perdrix. Les renards étaient chez eux de tous côtés et Old Clump était un terrain de prédilection pour les chasseurs de renards. Un jour du début de l'été indien, alors que nous récoltions des pommes de terre sur la colline inférieure, notre attention fut attirée par quelqu'un qui nous appelait depuis la lisière des bois, en haut du lot de moutons. Mes frères se sont reposés un moment sur le manche de leur houe et j'ai brossé la terre de mes mains et je me suis redressé de mon attitude courbée de ramassage des pommes de terre. Nous avons tous écouté et regardé. Bientôt, nous distinguâmes la silhouette d'un homme à la lisière du bois et décidâmes bientôt, à sa voix excitée et à ses gestes, qu'il appelait à l'aide. Finalement, nous avons établi que quelqu'un était blessé et qu'il fallait les bœufs et le traîneau pour l'abattre. Il s'est avéré que c'était un voisin , Gould Bouton, qui appelait, et Elihu Meeker, son oncle, qui était blessé. Ils chassaient le renard et Elihu avait tiré sur le renard depuis le sommet d'un haut rocher près du sommet d'Old Clump et, dans son excitation, avait glissé du rocher et était tombé sur les pierres quinze ou vingt pieds plus bas et avait été grièvement blessé. à ses côtés et sur son dos. En toute hâte, les bœufs et le traîneau montèrent là-bas et, après une longue attente, ils revinrent à la maison avec Elihu à bord, gémissant et se tordant sur un tas de paille. La blessure lui avait fait saigner des reins. Entre-temps , on avait fait venir le docteur Newkirk et je me souviens que je craignais qu'Elihu ne meure avant son arrivée. Quel soulagement j'ai ressenti en voyant le docteur arriver à cheval, à la bonne vieille manière, faisant courir son cheval à toute allure ! "Maintenant," dis-je, "Elihu sera sauvé." Il avait déjà perdu beaucoup de sang, mais la première chose que fit le médecin fut d'en prendre davantage. C'était à une époque où le saignement était la première chose qu'un médecin faisait en toutes occasions. L'idée semblait être qu'on pouvait ainsi saper la force de la maladie sans saper la force de l'homme. Eh bien, le vieux chasseur a survécu à la double saignée ; il fut guéri de sa blessure et guéri aussi de sa fièvre de chasse au renard.

C'était un homme fidèle, travailleur, menuisier de métier. Il a construit notre "nouvelle grange" en 1844 et a refait le toit de l'ancienne grange. Père a sorti le bois pour la nouvelle grange dans les pruches du vieux Jonas More et l'a transporté jusqu'à la scierie. Lanson Davids a travaillé avec lui. Ils dînèrent dans les bois en hiver. Un jour, ils ont mangé un ragoût de porc et mon père a dit qu'il n'avait jamais rien mangé d'aussi bon de sa vie. Lui et Mère étaient alors dans la fleur de l'âge et Lanson Davids lui dit à cette occasion : "Chauncey, tu es le plus gros porc à manger que j'aie jamais vu de ma vie." "J'avais faim", a déclaré mon père.

Nous avions des « surélévations » à cette époque, quand un nouveau bâtiment était construit. Les bois étaient lourds, souvent taillés dans les arbres des bois, installés, épinglés ensemble dans ce qu'on appelait des « courbures ». Dans la grange d'un fermier, il y avait généralement quatre coudes, liés ensemble par des « plaques » et des poutres transversales. Je me souviens bien du début de l'été où la nouvelle grange a été érigée. Je peux voir Elihu guider le poteau d'angle du premier virage et quand les hommes étaient prêts à crier : « Tous ensemble maintenant », « installez-la », « poussez, poussez, poussez, poussez », jusqu'à ce que le virage soit en place. position.

Un mois de juin, alors qu'il bardait la vieille grange, il m'a engagé pour lui cueillir des fraises des bois. Quand je suis arrivé dans l'après-midi avec mon seau de quatre litres presque plein, il est descendu du toit et m'a donné un quart d'argent, ou deux shillings, comme on l'appelait alors, et je me suis senti très riche.

C'est un pays ouvert, comme une carte déroulée, simple dans toutes ses lignes, avec peu de variété dans ses paysages, dépourvu de contrastes vifs et de changements brusques et dépourvu par conséquent de l'élément pittoresque qui vient de ces choses. C'est une partie de la surface terrestre qui n'a jamais été soumise à des convulsions ni à des bouleversements. La roche stratifiée se trouve horizontalement, exactement comme elle s'est déposée au fond des mers du Dévonien il y a des millions d'années. Les montagnes et les vallées sont le résultat de vastes périodes d'érosion douce, et la douceur et le repos sont imprimés sur chaque élément du paysage. La main du temps et la pression lente mais énorme de la grande calotte glaciaire continentale ont frotté et adouci tous les angles vifs, donnant aux montagnes leurs longues lignes, aux collines leurs larges dos ronds et aux vallées leurs profondeurs. contours lisses en forme de creux. Les strates planes affleurent ici et là, donnant aux collines l'effet de lourds sourcils. Mais parfois c'est plus que cela : dans les montagnes, c'est souvent comme une bouche caverneuse dans laquelle on peut se retirer de plusieurs mètres, où le garçon de ferme imaginatif aime rôder et s'attarder comme le demi-sauvage qu'il est et rêve d'Indiens et de nature sauvage. , vie aventureuse. Il y avait quelques corniches caverneuses de ce type dans les bois de la ferme de mon père, où l'on pouvait se retirer après une averse soudaine, mais à moins d'un mile de là, il y en avait deux lignes, une sur Pine Hill et une sur Chase's Hill, où les fondations de la terre était ouverte, présentant un front rocheux brisé et déchiqueté de dix à trente ou quarante pieds de haut, rongé de petites niches, de poches et de retraits caverneux par la dent jamais émoussée du temps géologique et offrant des tanières et des retraites où les Indiens et les sauvages les bêtes s'y réfugiaient souvent. Quand j'étais enfant, comme j'avais l'habitude de hanter ces endroits, surtout le dimanche, lorsque les jeunes bouleaux verts d'hiver et noirs nous donnaient une excuse pour aller dans les bois. Quelle éternité de temps était écrite sur les faces de ces rochers ! Quelles forces anciennes du monde y ont laissé leurs marques ! — dans les lignes, dans les couleurs , dans les énormes dislocations et l'apparence de chute imminente de beaucoup d'entre eux, mais avec un air de calme et d'âge invincible qui ne peut être ressenti que dans le présence de telles survivances du primat. Je ne veux pas de meilleur passe-temps maintenant, loin de mon enfance, que de passer une partie d'une journée d'été ou d'automne au milieu de ces rochers. On passe des champs ensoleillés, où paissent les bestiaux ou où la charrue creuse le sillon rouge, à ces ruines monumentales, grises, sculptées par le temps, où s'écroulent les fondations des collines éternelles, et où pourtant le silence et le repos sont comme ceux de l'espace sidéral. Comme tout est relatif ! Les collines et les montagnes vieillissent et disparaissent au cours des temps géologiques aussi invariablement que les bancs de neige au printemps, et pourtant, dans notre courte durée de vie, elles sont les types du permanent et de l'immuable.

L'oiseau phoebe adore construire son nid moussu sur ces rebords d'étagères, et un jour j'ai découvert qu'une de nos souris indigènes, peut-être la souris sauteuse, avait apparemment suivi une allusion d'elle et avait construit un nid de chardon recouvert de mousse sur une petite étagère. trois ou quatre pieds au-dessus du sol. Les coons et les marmottes ont souvent leurs tanières dans ces corniches, et avant la colonisation du pays, les ours en avaient sans doute aussi. En un endroit, sous une immense corniche qui fait saillie de douze ou quinze pieds, il y a une source à laquelle le bétail vient des champs voisins pour s'abreuver. Les anciens constructeurs en terre utilisaient des matériaux d'une dureté et d'une durabilité très inégales lorsqu'ils construisaient ces collines, leurs contrats n'étaient pas bien surveillés, et le résultat a été que la dégradation plus rapide des matériaux les plus tendres a miné les couches les plus dures et conduit à leur chute. Tous les cinquante ou cent ou deux cents pieds dans la formation de Catskill, les anciens entrepreneurs glissaient une couche de grès rouge, ardoise et tendre, qui introduit un élément de faiblesse et dont nous voyons partout les effets. L'un des effets de cette faiblesse a un élément de beauté. Je fais référence aux belles cascades qui sont peu dispersées dans cette région, rendues possibles, comme presque partout ailleurs, par les strates les plus dures qui résistent après l'érosion des couches plus molles en dessous, gardant ainsi la face des chutes presque verticale.

La région de Catskill est abondamment approvisionnée en sources qui produisent la meilleure eau au monde. La ferme de mon père possédait une source dans presque tous les champs, chacun ayant son propre caractère. Quelles associations subsistent chez chacun d'eux ! Avec quel empressement nous nous dirigeions vers eux pendant les journées chaudes de fenaison et de récolte ! — la petite source froide et immuable dans la prairie de la colline de la grange, sous le hêtre, sur le bol maintenant pourri de laquelle les initiales à moitié effacées des garçons de ferme et on peut encore voir des hommes engagés il y a trente, cinquante et près de soixante-dix ans ; la source dans le vieux pré près de la grange où le bétail buvait en hiver et où, avec les faneurs, je buvais si avidement en été ; la source abondante de la berge au pied du vieux verger qui, dans les sécheresses sévères de ces dernières années, résiste lorsque les autres sources manquent ; la source minuscule mais pérenne qui jaillit de sous l'immense rocher incliné du champ de sumac où s'abreuvent les jeunes bovins et les moutons de l'alpage et où nous nous sommes tous rafraîchis tant de fois ; la source qui jaillit sous un sourcil rocheux sur la grande colline latérale et qui est maintenant raccordée à la maison et qui, dans mon enfance, était introduite dans des « bûches de pompe » de pin ou de pruche, et vers laquelle j'ai été envoyé tant de fois pour nettoyer les feuilles la passoire en étain – quelles associations avons-nous tous avec ce ressort ! Depuis plus de quatre-vingts ans, il a fourni de l'eau à la famille, et ce n'est que lors des graves sécheresses des années suivantes qu'il a cessé de fonctionner.

Le vieux hêtre qui se dresse au-dessus est l'un des symboles de la ferme. Un jour, quand j'étais enfant, j'ai vu un troupeau de pigeons sauvages disparaître dans son intérieur verdoyant, puis j'ai vu Abe Meeker, qui travaillait pour mon père en 1840, tirer dessus depuis le mur de pierre, six ou sept cannes plus bas, et abattre quatre oiseaux qui il ne pouvait pas voir quand il tirait. Trois d'entre eux tombèrent morts et un tomba à ses pieds derrière le mur de pierre. Mais je n'ai pas besoin de citer toutes les fontaines de jouvence de ma ferme familiale – des fontaines de jouvence en effet ! et une source de souvenirs reconnaissants au cours de mes dernières années. Je ne dépasse plus aucun d'entre eux maintenant, mais mes pas s'y attardent et je les nettoie s'ils sont bouchés et négligés et j'ai l'impression que voici un ami d'autrefois dont le visage est toujours aussi brillant et jeune.

MON PÈRE, PAR JULIAN BURROUGHS

Le premier souvenir que j'ai de mon père remonte à un jour de printemps où il poursuivait et lapidait le chat, notre chat de compagnie, qui avait attrapé un oiseau bleu. Je me souviens du regard féroce dans les yeux du chat, et de son nez aplati sur le dos bleu, de sa queue qui se remuait nerveusement, et de la vitesse et de la force avec lesquelles Père la poursuivait, et du langage qu'il utilisait, un langage qui m'impressionnait, au moins, sinon le chat, et qui discréditait également le chat et son ascendance. Si je me souviens bien, nous avons sauvé l'oiseau bleu, et là l'image s'estompe. À quoi ressemblait Père lui-même à cette époque, je ne le sais pas ; sans doute, comme un enfant, je l'acceptais comme une évidence, ainsi que toutes les autres choses intéressantes de ce monde où je me trouvais. Encore une fois, je me souviens d'être monté sur son épaule dans le couloir du rez-de-chaussée, alors qu'il sautillait avec moi, d'être face à face, sur un pied d'égalité, avec la lampe du hall, et d'avoir dit à mon père que quand je serai grand, je serais un roi, et de mon père me disant aussitôt qu'ils pendaient les rois à un pommier aigre. C'était toujours un pommier aigre, jamais doux, utilisé pour les tentures. J'étais donc heureux d'abandonner l'idée d'être roi et de devenir à la place un « découvreur de choses ». Comme Père a ri de ça ! Il m'avait parlé de ses lectures en astronomie et en sciences, qui prenaient tout leur sens à ce moment-là, et j'étais tellement impressionné et enflammé d'émulation que moi aussi j'ai déclaré vouloir être "un chercheur de choses". ", et Père le répétait en riant de bon cœur. C'est une joie de penser à lui tel qu'il était alors, viril de corps, charnu, actif, doué en marche, en patinage et en natation — quel flot de souvenirs ! Quel intérêt il prenait à tout ce que je faisais, et combien de fois il y prenait une part très active. Un jour de mai, j'étais sorti avec notre unique filet d'alose et je devais tenter une expérience. J'avais dit à mon père que je remonterais la rivière à la rame et que je jetterais le filet, puis que je ramerais jusqu'à l'embouchure du ruisseau Black et que je pêcherais la perche, et que lorsque la marée tournerait, je ramerais et ramasserais le filet, ce qui attraper le déluge non loin au-dessus. Ce qu'il pensait, je ne le sais pas, car il est allé voir Dick Martin, un pêcheur d'alose expérimenté, et lui a dit ce que j'allais faire. Dick s'empressa de lui dire, alarmé, que ce que j'avais prévu était impossible, qu'il y avait une rangée de vieux pieux sortant de la grange noire juste en dessous de l'embouchure de Black Creek et que mon filet s'accrocherait à ceux-ci et que je le perdrais. , et peut-être en plus du mal. Alors mon père a parcouru les deux milles, en se précipitant le long de la côte escarpée et rocheuse, et m'a trouvé à peine sortant du ruisseau. Il m'a raconté ce que Dick avait dit et est monté dans le bateau et nous avons ramé jusqu'au filet, qui se comportait de manière très étrange.

"Tu es rapide maintenant, mon garçon, c'est exactement comme Dick l'a dit", s'est-il exclamé alors que je ramais aussi fort que possible pour atteindre la longue file de bouées. Je ne pourrai jamais oublier l'heure d'alarme et de détresse qui a suivi pour moi. La marée a tourné et la crue errante a cédé la place au reflux, l'eau sombre du ruisseau s'est précipitée sur nous, les bouées ont tourbillonné et se sont tordues dans l'eau courante et ont commencé à disparaître une à une. On a vite rattrapé la fin et j'ai ramassé le maximum ; puis Père s'est saisi et a essayé de détacher le filet. Il tira et tira jusqu'à ce qu'il tire littéralement la poupe du skiff sous l'eau.

"Il faudra couper le filet, c'est le seul moyen", dit-il finalement, le visage rouge et haletant, alors nous avons coupé le filet, en laissant là une partie médiane sur le vieux pieu au fond de la rivière. Il est indéniable qu'il était gentil de sa part de venir et qu'il avait à cœur ma sécurité et mon bien-être. Même si j'ai toujours été prudent et prudent quant au cours de la rivière, quelque chose aurait pu arriver et mes os pourraient être là à côté du vieux pieu - et que de choses m'auraient manqué ! - ou comme mon père l'a si bien exprimé un jour : « Je Je n'ai pas peur de mourir, mais j'aime tellement vivre !"

Il me mettait toujours en garde et s'inquiétait pour moi lorsque j'étais sur la rivière, surtout la nuit, et pourtant il prenait des risques que je ne prendrais pas. Au début, ici à Riverby, il n'y avait pas de chemin de fer de ce côté de l'Hudson, et pour prendre un train, il fallait traverser la rivière. En été, on accrochait un drapeau blanc sur le quai de West Park et Bilyou ramait pour vous, mais quand il y avait de la glace dans la rivière, il fallait marcher ou rester à la maison. Par temps zéro, il suffisait d'une longue marche sur la glace, souvent face à un souffle de vent en dessous de zéro, mais lorsque le dégel du mois de mars commençait, on prenait sa vie très à la légère pour s'aventurer sur la glace. L'eau de fonte a coupé la glace par le dessous, ne laissant aucune marque à la surface, l'affaiblissant par endroits, et si quelqu'un passait, la marée l'entrainait sous la glace, où l'eau était au moins assez froide pour refroidir quelqu'un et provoquer la mort. facile. Ce jour-là, Père traversait la rivière sur une fissure, car, chose étrange, l'une des grandes fissures qui se produisent toujours dans la glace s'était poussée ou pliée, et non vers le haut, et l'eau avait gelé, formant une traînée de glace triple épaisseur, et sur cette route il traversa l'Hudson, la glace si éloignée du soleil, si alvéolée et pourrie, qu'il pouvait passer sa canne de chaque côté de sa fissure ! Une autre fois, il traversait début avril avec son chien, et alors qu'il se trouvait au milieu de la rivière, qui fait un demi-mile de large à Riverby , occupé par ses pensées, il a soudainement vu son chien courir vers le rivage, qui apparemment bougeait. loin rapidement vers New York ! Mais les rivages restaient éternellement immobiles ; c'était la glace qui bougeait et qui remontait avec la marée montante, se déplaçant juste sur la largeur d'un grand canal que les récolteurs de glace avaient creusé au-dessus. Lorsque la marée a tourné, environ une heure plus tard, toute la glace a disparu de la rivière.

Lorsque Père vit pour la première fois de la poudre sans fumée , il fut surpris de son apparence et ne voulut pas croire que c'était de la poudre, jusqu'à ce qu'il en jette sur le poêle chaud. Je l'ai utilisé avec notre vieux fusil de chasse et il était très alarmé, mais il m'a dit que lors de sa chasse au lac Thomas, dont il parle dans "Wake Robin", il avait chargé son petit fusil à chargement par la bouche d'une poignée entière de poudre et puis, comme il sentait qu'elle allait éclater, il la tint à bout de bras au-dessus de sa tête pour tirer. C'est ce qu'il fit à maintes reprises, dans sa tentative de faire signe à ses compagnons. Le petit pistolet a survécu à l'épreuve et est désormais suspendu dans la salle des armes. Avec lui se trouve le Little Cane Gun, un petit fusil de chasse qui ressemblait exactement à une canne, mais qui était assez efficace pour les petits oiseaux, et qu'il utilisait lors de ses collections d'oiseaux sur Washington. Curieusement, à cette époque, il était interdit de tirer sur les oiseaux, et des gardes à cheval faisaient respecter cette loi. Père lui racontait avec joie comment il allait abattre un oiseau qu'il voulait pour sa collection, et aussitôt le garde arrivait en courant, lui demandant qui avait tiré, et Père lui disait que c'était juste au-dessus du relief ou derrière. ces arbres, ou quelque chose du genre, et le garde dépêchait de partir pendant que Père ramassait son oiseau et rechargeait sa canne. Il nous semble étrange aujourd'hui de penser à John Burroughs tirant et montant des oiseaux chanteurs, créant des collections à installer sur un arbre derrière une vitre, mais il l'a fait, car à l'époque, c'était tout à fait normal, des cas d'entre eux, assez adapté pour les musées, étant souvent vu dans des maisons privées. Je me souviens avoir pris des cours de taxidermie avec mon père, ainsi que de dépeçage et d'élevage de sauvagine, et aujourd'hui, il y a un huard et un poulet des prairies ici dans la maison de Riverby qu'il montait dans ces premières années. Les collections d'oiseaux qu'il a constituées sont dispersées partout ou ont été détruites depuis longtemps. Tous ont été fusillés avec le petit fusil à canne à chargement par la bouche ou avec un petit fusil à chasse par la bouche : c'était l'époque de la baguette et des nids de guêpes ou de frelons rassemblés et utilisés pour la ouate, et de la superstition, que Père souvent exprimé, que si vous renversiez ou laissiez tomber un coup lors du chargement, c'était votre coup de gibier, celui qui aurait tué et sans lequel le coup aurait raté. Je peux voir maintenant la poudre noire d'aspect fascinant, scintillante alors que Père la versait de la paume de sa courte main brune dans la bouche du pistolet.

Il y avait une qualité que mon père possédait à un degré marqué et que je lui enviais toujours, une chose petite en soi, mais qui lui permettait d'accomplir ce qu'il faisait en littérature, c'était la capacité de laisser de côté les affaires ou les soucis de la vie. , comme on raccrocherait son chapeau, absolument et complètement, et se tournerait vers son écriture. Le monde le considérera comme un poète naturaliste, comme un doux sage et philosophe, alors qu'il était en réalité un artisan littéraire et quelqu'un qui n'a jamais pu consacrer qu'une partie de son temps et de ses efforts à l'œuvre de sa vie jusqu'à l'âge de soixante ans. de l'âge. Je me souviens d'abord de lui en tant qu'examinateur bancaire. Je me souviens de ses voyages pour examiner les banques, de sa valise et de sa chemise blanche ou "bouillie", des boutons de manchette dorés, de sa barbe, de l'émerveillement et du mystère de tout cela. Puis il est devenu un « mugwump » et le nouveau parti a confié son examen bancaire à quelqu'un d'autre ; et, comme il l'exprimait : « J'ai dû remuer mes souches », et il s'est mis à cultiver de beaux raisins.

Tout comme son enfance avait la vache pour centre d'intérêt, la mienne avait le raisin du Delaware. Et Père a réussi ses vignes. Je le vois maintenant tailler l'été, lui d'un côté du rang, moi de l'autre, "tirant vers le bas" comme on appelait la taille d'été, ou bien il tamponnait les couvercles ou attachait des fagots de paniers. De nombreux couvercles étaient recouverts de sciure de bois qui devait être soufflée ou brossée avant de pouvoir être estampillée. Père a pris l'habitude de souffler, et il s'y est tellement habitué qu'il soufflait de toute façon, que le couvercle en ait besoin ou non ; si ce n'était pas le cas, il soufflerait droit devant moi et je me moquerais de lui, et il lèverait les sourcils et sourirait à moitié, signifiant que c'était quelque chose à quoi il pouvait se livrer. Il a écrit un jour à propos de son petit-fils :

"J'ai eu la chance rare d'être né à la campagne dans une ferme et de partager les devoirs et les responsabilités de la vie à la ferme. Mon pauvre petit-fils John n'a pas cette chance à cet égard et il n'a pas eu à ramasser des pommes de terre et des pierres. et ramasser des pommes et décortiquer du maïs et biner du maïs et épandre et ratisser le foin et conduire les vaches et chasser les moutons dans la montagne et épandre du fumier et désherber le jardin et nettoyer les étables des vaches, et ainsi de suite, et parcourir deux miles à travers la neige - des champs et des bois étouffés pour aller à l'école en hiver et j'ai peu de livres à lire et à voir, pas de journaux illustrés ou de magazines. John a des films la nuit et son vélo le jour et une école primaire à fréquenter et une centaine d'aides et d'éperons là où je n'en avais pas. Mon destin a été meilleur que celui de John et je peux le faire, mais j'espère qu'il a des avantages que je n'avais pas et qui pourraient compenser les avantages que j'avais."

Dans ce cas, je sais que le temps et la distance prêtent à l'enchantement, car du travail acharné dans les vignes, mon père ne faisait pas grand-chose - il cultivait avec un cheval des jours si chauds que le cheval était couvert de mousse et que la poussière montait en nuage sur la personne. les vêtements trempés de transpiration, les jours qui ont suivi le chariot pulvérisateur avec le citron vert et le vitriol bleu volant sur le visage et coulant le long des jambes, le fait de nouer des liens en mars et début avril jusqu'à ce que les doigts soient à vif et que le cou soit douloureux à force de tendre la main - de tout cela et d'autres tâches, il ne savait rien. Souvent il disait de lui-même qu'il était paresseux ; et, bien que ce qu'il a accompli dans sa vie soit comme un monument dans un sens du terme, il était paresseux. Un travail routinier, une corvée quotidienne d'activités pour lesquelles il n'aimait pas, auraient raccourci ses journées et peut-être même l'auraient aigri. Et pourtant avec quel empressement il se mettait à écrire ! Pendant soixante ans et plus, il a trouvé sa plus grande joie dans son métier – comme il m'a écrit un jour : « Il n'y a pas de joie comme celle-là, quand la sève coule, il n'y a pas de plaisir comme écrire. » Comme il l'a dit à propos de ses livres dans la préface d'une nouvelle édition : « Très peu de véritable « travail » y a été consacré. Un jour, à La Jolla, en Californie, sur la colline surplombant le bleu du Pacifique, il y eut un rassemblement dans l'un des laboratoires de biologie et les écoliers arrivèrent en masse. On demanda à leur père de leur parler et, entre autres choses, il leur demanda si une abeille tirait du miel des fleurs. "Non", dit-il, "l'abeille tire le nectar de la fleur, un liquide légèrement sucré que l'abeille, par des processus dans son propre corps, transforme en miel." J'ai toujours soupçonné que mon père aimait se considérer comme une abeille, au soleil et au chaud, dans les champs et les bois, parmi les fleurs, recueillant de tout cela de délicieuses impressions qu'il pouvait, grâce à son artisanat, conserver sous une forme impérissable. d'autres pourraient également apprécier. Et une abeille, ça marche vraiment ? Ne fait-il pas exactement ce qu'il aime ou veut faire ? Doit-il faire un effort conscient pour se faufiler parmi les fleurs ? Doit-il continuer à faire ce qu'il n'aime pas faire longtemps après qu'il soit fatigué ? Ainsi , que la vie de John Burroughs ait été une longue vie de bonheur et de jeu paresseux, ou qu'elle ait été une vie de travail acharné, cela dépend, comme tant d'autres choses, du point de vue. J'aime penser à sa longue et heureuse vie comme une vie au cours de laquelle il a transformé tout son travail en jeu et, ce faisant, il a accompli puissamment.

Souvent, mon père essayait de se expliquer comment il s'était séparé si absolument et complètement de la vie de sa famille et de son premier environnement et était devenu, non pas un fermier faible et facile à vivre, bien que pittoresque, dans les Catskills les plus lointaines, mais un homme d'esprit. lettres, un artisan littéraire unique et pittoresque. "Je l'avais dans le sang, je suppose", a-t-il dit un jour. Avec cela, il avait ce que la plupart d'entre nous ont, l'amour des bois et des champs, ainsi que de la chasse et de la pêche. La pêche à la truite, la plus délicieuse de toutes, avait pour lui un charme éternel, tout comme la chasse aux abeilles, le camping, la découverte de nouveaux ruisseaux et de nouveaux bois. Tout cela a été favorisé et développé par sa vie à la ferme et ses premières associations, puis lorsqu'il est devenu gardien des coffres-forts du Département du Trésor à Washington, il a été enfermé à l'écart de tout, n'ayant rien d'autre à faire que de regarder les portes en acier. Presque sans pouvoir faire autrement, il se remit à revivre en écrivant les jours délicieux qu'il avait passés au loin. Il était comme un exilé rêvant de sa terre natale. La nature a le don d'envoûter ceux qui passent leurs journées avec elle, de sorte qu'une fois la journée écoulée, il ne reste que les souvenirs de ses délices et ceux-ci deviennent toujours plus beaux et plus colorés avec le temps. Pour le jeune homme nostalgique, enfermé dans le caveau de Washington, les scènes de ses collines natales prirent une beauté et un charme qu'ils n'auraient jamais pu avoir s'il était resté là parmi ces mêmes collines où ses yeux et ses sens pouvaient s'abreuver à chaque heure. . Il me semble que c'est un heureux hasard que son ambition d'écrire, déjà manifeste et solidement ancrée, ait suivi le cours qu'elle a suivi, en écrivant sur la Nature.

"Je devais être un sportif", dit-il de lui-même - un adorateur né des mots, un homme animé d'une ambition littéraire inextinguible, un amoureux des meilleurs livres du monde, né de parents qui ne connaissaient même pas le sens des mots. Je doute fort qu'un membre de sa famille immédiate, c'est-à-dire de sa propre génération, ait lu une ligne dans l'un de ses livres. Sa sœur lui a dit de ne pas écrire, que « c'était mauvais pour la tête » — à quel point il était différent d'eux tous, comme le montre un incident que Mère a raconté un jour, et qui ne peut être raconté qu'avec un mot d'explication. Pendant la guerre, lui et sa mère étaient allés « à la maison », car il parlait toujours de rendre visite aux parents sur la ferme, et pendant le dîner, grand-père s'était exclamé : « J'aimerais voir Abe Lincoln pendu plus haut qu'Haman et j'aimerais voir Abe Lincoln pendu plus haut qu'Haman. tiens la corde !" Père resta bouche bée de douleur et d'étonnement, puis repoussant silencieusement son assiette, il se leva et sortit silencieusement de la pièce. Alors grand-mère « est allée chercher » grand-père. Mais grand-père ne réalisait pas ce qu'il disait, et il aurait été l'un des tout derniers à avoir fait du mal à Lincoln, ou à n'importe qui d' autre d'ailleurs. L'incident montre à quel point cette époque passionnée, intense et amère était différente de la nôtre, et comment la diffusion des magazines et des journaux illustrés a élargi et adouci les sentiments du peuple.

Père parlait souvent de sa joie lorsque l' *Atlantic* acceptait son premier article, celui sur « Expression » attribué à Emerson : il sentait qu'un nouveau monde s'était ouvert pour lui, de nouveaux mondes à explorer et à conquérir avec des possibilités illimitées. Son ambition d'écrire a été fortement incitée. À cette époque, il enseignait dans une petite ville près de Newburgh et, le samedi venu, il voulait aller au salon pour son travail quotidien. C'était l'époque de la suprématie du salon , de la pièce sombre tenue sacrée pour les occasions spéciales, les funérailles, la compagnie du dimanche et autres, et Mère n'avait aucune idée que son ordre était perturbé et que sa sainteté était profanée par une chose aussi frivole que l'écriture : elle a verrouillé la porte.

Je pense que Père a pris cela comme une insulte, non pas envers lui-même, mais comme une insulte à sa vocation, une insulte mortelle envers son dieu de la littérature, et dans ce qui était pour moi une frénésie belle, noble et justifiable, il a brisé la porte et l'a réduit en mille morceaux. " J'applaudis ; Je suis content qu'il l'ait fait; il s'est montré digne de son dieu choisi. Mère a sans aucun doute pleuré. Pauvre porte démolie : un petit sacrifice matériel en effet pour le grand dieu des lettres !

Ces années ont été difficiles à bien des égards pour Père, les années de la fin des années 50 où il enseignait et essayait beaucoup de choses, essayant de se retrouver, de gagner sa vie et d'apaiser les ambitions matérielles de Mère. Il passa un été dans l'ancienne ferme et cultiva des oignons ; les graines qu'il utilisait étaient pauvres, peu de graines germaient et un été de travail acharné, tant pour lui que pour sa mère, n'a abouti à rien. Pendant un certain temps, il étudia la médecine dans le cabinet du docteur Hull près d'Ashokan, et là, assis dans le petit bureau situé maintenant juste au bord de l'eau de ce qui est aujourd'hui le grand réservoir d'Ashokan, il écrivit son poème : « En attendant ". On ne peut que s'émerveiller de cette prophétie, de la vision du garçon découragé de vingt-cinq ans dont chaque ligne a connu un tel accomplissement. Il tenta plusieurs tentatives, tâtonnant aveuglément, espérant un succès qui ne fut jamais obtenu. L'une de ses entreprises était une part dans une boucle de brevets grâce à laquelle il devait s'enrichir, mais qui lui a valu des pertes et du découragement - en fait, il avait emprunté de l'argent pour y accéder et, pour non-paiement, il a été arrêté et emmené. remonter la rivière sur un bateau de nuit. Se réveillant lorsque le bateau s'arrêta à Newburgh et constatant que son garde dormait, il se leva, s'habilla et descendit à terre. Son arrestation n'était de toute façon pas légale et l'affaire fut rapidement réglée. Il a continué à enseigner et finalement, dans les premières années de la guerre, il a dérivé vers Washington. Un de ses amis voulait qu'il vienne, affirmant qu'il y avait de nombreuses opportunités et lui offrant également l'incitation à rencontrer Walt Whitman. Finalement, il obtint un poste au Département du Trésor et de Hugh McCulloch, secrétaire au Trésor, dans son « Hommes et mesures d'un demi-siècle », nous avons une image du jeune John Burroughs à la recherche d'un emploi, une image que mon père disait être pas exact, mais qui montre au moins à quel point il a impressionné un homme habitué à voir de nombreux demandeurs d'emploi :

Un jour, un jeune homme est venu à mon bureau et m'a dit qu'il comprenait que les effectifs du bureau devaient être augmentés et qu'il serait heureux d'être employé. Je lui ai demandé s'il avait des recommandations. "Je ne l'ai pas fait", répondit-il; "Je dois être le mien." J'ai regardé sa forme robuste et son visage intelligent, qui m'ont si bien impressionné que j'ai envoyé son nom au secrétaire, et le lendemain, il était au travail comme commis à douze cents dollars. Je ne m'étais pas trompé. C'était un excellent commis, compétent, fidèle, volontaire.

Et mon père a dit que sur les cent dollars qu'il recevait par mois, lui et sa mère n'en économisaient que la moitié. Et le coût réel de la vie était alors aussi élevé qu'il l'est aujourd'hui ; le coût réel de la nourriture et des vêtements ainsi que le mode de vie ont changé. Le premier livre de mon père : « Notes sur Walt Whitman, poète et personnage », publié en 1867, aujourd'hui épuisé depuis longtemps, un petit volume brun avec des lettres dorées, a été publié à l'époque de Washington. Le livre n'a pas été un succès et, bien que mon père ait subi une perte lors de sa publication, il n'a pas eu à la déduire de son impôt sur le revenu. De toute cette vie là-bas à Washington, il a tellement parlé dans ses livres, "Winter Sunshine", "Indoor Studies", "Whitman, a Study", et ainsi de suite, que je vais le quitter et retourner au vignoble ici sur les rives. de l'Hudson.

C'est en 1872 que père et mère sont venus ici et ont acheté un terrain d'environ neuf acres, en pente depuis la route jusqu'à l'eau, vivant pendant un certain temps, près d'un an, dans une petite maison au bord de la route, pendant laquelle ils nous construisions la maison en pierre dont Père a décrit la construction dans « L'Arbre au Toit ». Il avait voulu une maison en pierre, et il y avait beaucoup de pierre, des « pierres sauvages » comme les appelaient les autochtones, à ramasser, altérées et de couleur douce , seulement un court trajet et quelques touches avec le marteau ou la panne étaient nécessaires. faites-en de la pierre à bâtir. Il a souvent parlé de la première visite de sa mère dans sa nouvelle maison, au moment où les fondations commençaient bien, et de son chagrin et de sa déception lorsqu'elle a vu la taille du bâtiment. Les fondations d'une maison à ciel ouvert ne donnent aucune idée des dimensions de l'édifice achevé, et c'est en vain que Père a tenté de l'expliquer. "Je lui ai montré les plans", disait-il souvent, "tant de pieds par ici et tant de cela, telle taille pour cette pièce et telle taille pour celle-là, mais cela ne servait à rien, elle pleurait et s'approchait d'un grand pas." taux." Mon père était alors syndic de banque et gagnait trois mille dollars par an, et avec cela il construisait cette grande maison en pierre à trois étages. Il y prenait un grand plaisir : il aimait raconter l'histoire du maçon irlandais qui s'était ivre au moment où il travaillait à la cheminée en pierre. Dégoûté du retard, mon père monta et, avec un marteau et une truelle, se dirigea lui-même vers la cheminée, et le maçon qui donnait à réfléchir pouvait le voir depuis Hyde Park, de l'autre côté de la rivière. Lorsqu'il fut assez sobre pour revenir et reprendre son travail, il inspecta soigneusement ce que son père avait fait et s'exclama : « Et tu es un brave homme. mon Dieu , tu l'es."

La chambre sud-ouest, au troisième étage, Père devait avoir pour chambre, son bureau, où il pourrait écrire. Cette pièce a été lambrissée jusqu'au plafond de bois indigènes : érable, chêne, hêtre, bouleau, tulipe et autres, et j'aime penser à son attente heureuse, à ses rêves des heures heureuses qu'il passerait dans cette pièce et du écrire qu'il ferait. Mais il n'a pas écrit ici, car quelques années plus tard, il a construit le bureau recouvert d'écorce au bord de la berge, puis quelques années plus tard, il a construit Slabsides , à trois kilomètres au-dessus de la basse montagne. C'est là, notamment dans le bureau, qu'il réalise l'essentiel de son œuvre littéraire.

Mère était une matérialiste ; elle n'a jamais accordé une très haute valeur aux efforts littéraires ; elle semblait souvent penser que Père devait faire le travail du salarié et ensuite s'occuper de ses soirées d'écriture et de ses vacances. Elle ne voyait pas l'intérêt de consacrer les meilleures heures de la journée à « gribouiller », et ce n'est que dans les dernières années, lorsque Père tirait un revenu régulier de ses écrits, que son point de vue s'adoucit. Elle était ce qu'on appelait à l'époque une « bonne femme de ménage » et elle le tenait si bien que Père dut déménager pendant ses heures de travail, d'abord au bureau, puis à trois kilomètres de là. Lorsqu'il s'agissait de tâches ménagères, Mère possédait à un degré extraordinaire la qualité appelée fatalité. Elle avait une façon d'attacher un tissu autour de sa tête, une sorte d'ancêtre du bonnet boudoir d'aujourd'hui, un moyen de protéger ses cheveux de toute poussière imaginaire, et cela devint un symbole, un drapeau de bataille de la déesse du ménage. . Père fut sommé de quitter la bibliothèque, où il écrivait, et son fil fut brutalement rompu ; c'était un jour où la sève ne coulait pas. Pour un être nerveux, capricieux, pressé et colérique, je pense qu'il a fait preuve d'une patience merveilleuse, une patience qui lui fait grand honneur. Et pourtant, à bien des égards, Mère était une aide inestimable, elle était un balancier qui faisait avancer leur monde de manière constante et, j'en suis sûr, a sauvé Père de nombreuses erreurs et extravagances.

Ce n'est que des années plus tard, lorsqu'il commença à expédier du raisin, que mon père nomma son lieu « Riverby ». Il m'avait lu un livre d'aventures, "Black Arrow" de Stevenson, dans lequel il y avait un endroit nommé " Shoreby " ou "au bord du rivage". Cela a suggéré à mon père le nom de « Riverby » ou « au bord de la rivière ». Il a donc été adopté et est devenu la marque déposée " Riverby Vignobles", un cachet ovale avec une grappe de raisin au milieu et l'adresse en dessous. C'est devenu le nom du lieu, le nom d'un des livres de Père, et était estampillé sur le couvercle de chaque caisse ou panier de raisins.

Mon père était un homme absolument honnête, honnête non seulement lorsqu'il emballait une caisse de raisins, mais aussi honnête quant à ses propres faiblesses et défauts. Je n'oublierai jamais à quel point il admirait une exclamation attribuée au général Lee à Gettysburg. Pickett avait lancé sa fameuse charge et ses vétérans étaient revenus, quelques-uns d'entre eux, vaincus, et Lee leur dit : « Tout est de ma faute, les garçons ! "C'est le véritable esprit de grandeur", dit mon père pensivement. Et lorsque le *Titanic* a coulé au milieu de l'océan avec tant de pertes en vies humaines, et que l'ordre était que les femmes et les enfants se dirigent d'abord vers les canots de sauvetage, les hommes devaient rester à l'écart, Père a dit : « Cela a demandé beaucoup de courage. J'espère que je vais le faire. je n'aurai jamais à faire face à une telle crise. »

À une autre époque, les garçons volaient ses raisins, les premiers Delawares, pas encore assez mûrs, et dispersaient ensuite les grappes qu'ils ne pouvaient pas manger le long de la route. Père s'est enveloppé dans un imperméable et, à la tombée de la nuit, s'est assis sous l'une des vignes pour attendre. Chose étrange, il s'endormit et, plus étrange encore, un des garçons vint et se dirigea vers la vigne même sous laquelle père dormait. Il fut instantanément réveillé et, guettant sa chance, se leva d'un bond et attrapa le garçon. Il y eut une mêlée rapide, le garçon se détacha et s'enfuit. Alors qu'il franchissait le mur de pierre, Père l'attrapa et ils passèrent ensemble, prenant le haut du mur sur eux. Le père étant gêné par son manteau, le garçon a pu se dégager et s'est enfui en gravissant la colline en direction de la route où il avait laissé son vélo. Il n'a cependant pas pu s'en sortir et s'est enfui dans la nuit, laissant son vélo en otage. Le matin, quand je suis descendu, j'ai trouvé mon père comme un garçon avec un nouveau jouet. "Sortez au lavoir et voyez mon prisonnier", dit-il en riant, et il avait du mal à se contenir pour le plaisir de tout cela. Je suis arrivé, et il y avait la bicyclette, et mon père a dansé une danse de guerre autour de celle-ci. Plus tard, le garçon est venu et a avoué et a insisté pour payer quelque chose, mais en toute gentillesse, son père n'a bien sûr pas voulu prendre l'argent durement gagné du garçon. Il lui a simplement expliqué la situation et je suis sûr que le garçon n'est jamais revenu, comme il aurait pu le faire s'il n'avait pas été traité généreusement. À un autre moment, des garçons de l'autre côté de la rivière ont été surpris en train de voler des raisins. Après les avoir effrayés pendant un moment, mon père leur a donné des raisins et les a renvoyés chez eux. Il nous mettait toujours en garde contre la coupe des raisins, de ne couper que ceux que nous serions prêts à manger nous-mêmes pour ne pas induire ou tromper l'acheteur. L'une de ses premières lettres, écrite il y a trente ans, concerne principalement les vignobles : elle est écrite sur du papier fait pour imiter l'écorce de bouleau, et écrite d'une écriture rapide, de haut en bas, presque aussi facile à lire que la meilleure impression :

Onteora , 25 juillet 1891.

CHER JULIEN,

Je veux que tu m'écrives quand tu recevras ceci si le chien est déjà arrivé. S'il ne l'a pas fait, vous feriez mieux de retourner chez Bundy et de voir s'il y est allé. Dites-moi aussi si le faucon vole, etc. Y a-t-il eu de fortes pluies et cela a-t-il causé des dégâts au vignoble ? Il a plu très fort ici la nuit de mon arrivée.

Si cela a endommagé le vignoble je reviendrai. Regardez autour de vous et voyez s'il y a déjà de la pourriture du raisin. Je veux que Zeke m'envoie une caisse de ces poires là-bas dans les groseilles... C'est très agréable ici, mais j'ai peur d'être dîné, mangé , conduit et marché jusqu'à ce que je sois malade. Je n'ai pas encore bien dormi. M. Johnson du *siècle* est ici. Nous dormons dans une grande et belle tente. C'est dans les bois et c'est comme camper, sauf que nous n'avons pas de lit de branchages. Il fait chaud et il pleut ici ce matin. Dis-moi si toi et ta mère allez à Roxbury ou ailleurs. Dites à Northrop de m'envoyer mes lettres s'il y en a. Je n'en ai pas encore reçu. Dis-moi ce que Dude et Zeke ont fait.

Votre père affectueux, JOHN BURROUGHS.

Le chien dont on parlait était Dan, ou Dan Bundy-ah, un joli chien de taille moyenne qui a conquis le cœur de Père et qui a été acheté pour deux dollars, ce qui semblait alors un gros prix pour un chien, à un ouvrier qui nous aidait dans les vignes. Il courait toujours chez lui. "Ça casse un chien de changer de maison, ou plutôt de ménage ; ça fait de lui un citoyen du monde", dit le Père. Comme il aimait un gentil chien ! Même dans sa dernière maladie, il parlait souvent de celle que nous possédions ; il avait un vrai sentiment de camaraderie pour un chien.

Le faucon en question est le jeune faucon des marais que nous avons récupéré du nid et que nous avons élevé nous-mêmes. Je sais qu'il m'incombait de fournir à ce faucon de la nourriture : moineaux anglais, écureuils roux et petit gibier, entreprise incessante et qui prenait la plupart de mon temps, à tel point que maman me reprochait à maintes reprises. Plus tard, lorsque mon père « rédigea » le faucon et obtint quelque chose pour l'article, j'ai senti que je devais être payé pour ce que j'avais été obligé d'endurer pour la cause ! "Cinquante cents pour chaque réprimande que je reçois", voilà ce que j'ai exigé. "Vous recevez votre salaire maintenant", a répondu mon père en me regardant manger.

La pluie a-t-elle causé des dégâts au vignoble ? — Oui, c'était une peur toujours présente. Les pentes abruptes des collines étaient souvent très lavées, la terre étant emportée vers le bas de la colline, ce qui nous coûtait beaucoup de travail pour la ramener. Lorsqu'il y avait un temps mort, il y avait toujours de la terre à traîner sur les pentes raides. Je sais qu'une fois, une partie a été transportée à la main sur la colline. Nous avons cloué deux bâtons en guise de poignées sur une boîte et Charley et moi avons passé des journées entières à porter cette boîte pleine de terre jusqu'à un endroit très raide - "comme deux crétins", s'est exclamé mon père en plaisantant. Bien qu'il puisse dire dans son poème :

"Je ne délire plus contre le temps ou le destin"

il s'exprimait souvent contre le temps, en particulier contre les averses d'été « folles et intempérantes », comme il les appelait. Une fois, il y a eu une tempête de grêle. Nous étions « à la maison » et, après le dîner, Mère nous apporta un télégramme disant : « Je ne t'ai donné cela qu'après que tu aies mangé. Même moi, j'étais conscient de la façon dont elle l'avait fait sans tact, sous le regard de la famille. Le visage tiré, Père ouvrit lentement et lut : « Tempête de grêle, raisins détruits. » Comme mon père se sentait mou ! Il a déclaré : "Je m'étais complimenté en regardant ces raisins. J'avais vu plusieurs déclarations selon lesquelles les raisins rapporteraient un bon prix cet automne." Eh bien, nous avons constaté que la moitié d'entre eux pouvaient être sauvés et que la terrible tempête de grêle ne s'était étendue que sur deux vignobles — le trajet de la tempête ne faisait pas 800 mètres dans les deux sens, un phénomène curieux, mais qui en dix minutes a emporté tout le monde. bénéfices pour l'année.

Si je peux inventer une phrase , je dirai que Père avait la fierté de l'humilité ; c'est-à-dire qu'il avait le véritable esprit de l'artisan : la fierté de et pour son travail, et non la fierté de lui-même. Rien n'était trop beau pour son art, rien de trop pauvre pour lui-même. La lettre suivante, écrite il y a vingt-huit ans, nous donne un aperçu de lui-même tel qu'il était alors, seul et introspectif. Il y avait manifestement eu un conflit familial, quelque chose qui arrivait bien trop souvent, et Père était seul ici à Riverby .

West Park, 24 juillet {1893}.

MON CHER JULIEN,

Votre lettre est enregistrée. Je suis content que tu vas essayer le champ de foin. N'essayez pas de tondre. Mais en plein air, je pense que ça se supporte. Il fait très sec ici. Je pense que tu as pris une bonne douche samedi soir vers vingt heures. J'étais seul au sommet de Slide Mountain à cette heure-là et je pouvais regarder directement au cœur de la tempête et quand elle s'éclaircit, je pouvais voir la pluie déferler sur les collines de Roxbury. La pluie n'était pas forte sur Slide et j'étais en sécurité sous un rocher. Je suis parti d'ici vendredi après-midi, je suis monté à Big Indian où je suis resté toute la nuit. J'ai trouvé M. Sickley et sa famille en pension chez Dutchers. Samedi, j'ai essayé de persuader MS de m'accompagner à Slide, mais il avait promis à son groupe de suivre un autre chemin. J'ai donc continué seul avec mon rouleau de couvertures sur le dos. J'avais très chaud et je buvais chaque printemps au sec tout au long du parcours. J'ai atteint le sommet de Slide vers deux heures et j'étais après tout content d'avoir la montagne pour moi tout seul. C'est très grandiose. Je me suis installé un campement confortable sous une étagère rocheuse. Tous les porcs-épics de la montagne m'appelaient pendant la nuit, mais j'ai plutôt bien dormi. Je suis resté jusqu'à dimanche midi, quand je suis descendu chez les Néerlandais. J'ai fait le voyage facilement et sans fatigue, parcourant 13 milles ce samedi chaud avec mes pièges. La grande vallée indienne est très belle. Lundi matin, M. Sickley est descendu à la gare avec moi et je suis rentré chez moi sur le petit bateau, bien payé pour mon voyage. Je doute que je vienne à Roxbary maintenant, j'ai peur que l'air ne soit pas d'accord avec moi. Ne suivez pas l'exemple de votre mère sur un point, c'est-à-dire n'ayez pas une très haute estime de vous-même et une très mauvaise opinion des autres ; mais plutôt inversez-le – pensez méchamment à vous-même et bien aux autres – pensez que tout est assez bon pour vous-même et rien de trop bon pour les autres. Les baies sont presque cuites, trop sèches pour elles. Je vais peut-être chez Johnsons and Gilders, je ne suis pas encore d'humeur. Écris-moi quand tu auras ça. Amour à tous.

Votre père affectueux, JOHN BURROUGHS.

Dans ces premières lettres, il signait toujours son nom au complet, ce qu'il ne fit jamais plus tard.

Les couvertures étaient deux couvertures militaires, d'un bleu-gris avec deux bandes noirâtres à chaque extrémité : elles étaient parfumées par la fumée d'une centaine de feux de camp et elles avaient des trous brûlés par des étincelles. Ils avaient visité de nombreux bois et forêts.

Les baies dont on parlait si légèrement étaient celles d'une grande parcelle située au-dessous du bureau, une aventure que Père avait tentée avec de petits fruits et qu'il était assez heureux de ne pas répéter. Les baies étaient trop insistantes dans leurs exigences ; il fallait simplement les ramasser tous les jours, sinon ils pleuraient de petites larmes rougeâtres et devenaient trop mous pour être expédiés. Quand Père a acheté l' endroit, il n'y avait presque que des fruits rouges – les vieux Marlborough , Anvers et Cuthbert, et Père les a continués jusqu'à ce qu'ils mettent sa patience à rude épreuve.

En hiver, il n'y avait ni raisins ni baies et, pendant un certain temps, mon père faisait quelques conférences, mais seulement pour un temps, car il était trop nerveux, trop facilement embarrassé, trop excité pour donner des conférences. Cela lui en a trop demandé. Quelque part, quelque chose de désagréable s'est produit, et pendant longtemps après, il n'a pas donné de conférence formelle, voire jamais prononcé un discours formel.

Il a déclaré à l'un de ses auditeurs qu'Emerson avait dit que nous gagnions de la force en faisant ce que nous n'aimons pas faire, et tout le monde a ri, car c'était exactement ce que mon père ressentait à propos de son cours. Néanmoins, il semblait passer un assez bon moment lors d'un voyage de conférence, comme le montrera la lettre suivante, écrite alors qu'il était en train de donner une conférence :

Cambridge, Massachusetts, 6 février 1996.

MON CHER JULIEN,

Les choses se sont très bien passées pour moi jusqu'à présent. Je suis arrivé à Boston dimanche soir à 9h05. Je suis allé chez les Adams ce soir-là. Lundi à 15 heures, je suis allé à Lowell et j'ai parlé devant les femmes, un bon nombre d'entre elles. Je m'entendais très bien. L'un d'eux m'a emmené dîner à la maison. Je suis revenu à la maison Adams à 9 heures. Mardi soir, je suis rentré chez moi avec Kennedy et je suis resté toute la nuit. Mercredi, je me suis rendu à Cambridge chez Mme Ole Bull, qui m'avait envoyé une invitation. Je suis avec elle maintenant : il pleut furieusement toute la journée. Ce soir, je dois parler devant le club Procopeia , et demain soir devant la Société Métaphysique. J'ai rencontré Clifton Johnson à Boston et je vais chez lui samedi et je resterai peut-être dimanche ou je rentrerai peut-être dimanche dans le train de 5 h 04. J'ai vu des professeurs de Harvard hier soir. J'espère que vous et votre mère allez bien et vivez en paix et tranquille. Je vous aime tous les deux.

Votre père affectueux, JOHN BURROUGHS.

L'un des ennemis que nous avons dû combattre dans le vignoble était la pourriture, la pourriture noire, une maladie importée du raisin qui, pendant quelques années, a tout balayé. Puis des pulvérisations avec la bouillie bordelaise de chaux et de sulfate de cuivre ont permis de stopper le phénomène et finalement de l'arrêter complètement, mais ce sont les premières pulvérisations qui ont compté. Une année, je me souviens que mon père avait négligé cela, à sa manière facile et optimiste, et plus tard, lorsque la pourriture a commencé, les pulvérisations ont été vaines, et je sais que je l'ai reproché à ce sujet, à mon grand regret maintenant. La lettre suivante parle de cela et de mon entrée à l'université, chose à laquelle nous n'avons pensé qu'au dernier moment. Père, n'étant pas étudiant, n'y avait pas pensé :

Lee, Massachusetts, 21 juillet {1897}.

CHER JULIEN,

J'ai reçu votre lettre ce matin. Je passe un bon moment ici, mais je pense que je rentrerai chez moi cette semaine, car la pourriture semble assez mal fonctionner dans les Niagara et la pluie et la chaleur continuent. M. Taylor est mort et enterré. Il est mort le jour de mon départ (vendredi). Rodman aime beaucoup Harvard et dit qu'il fera tout ce qu'il peut pour vous. Il dit que si vous voulez vous embêter au Memorial Hall, vous devez vous inscrire immédiatement. Il y a ici un étudiant spécial de Harvard, un certain M. Hickman, qui enseigne aux enfants de M. Gilder. Je l'aime beaucoup. Il est à la Lawrence Scientific School — à peu près votre âge et c'est un brave garçon — de la Nouvelle-Écosse. Je suis allé chez les Johnson à Stockbridge. Owen est amoureux de Yale et veut que tu y viennes. Owen sera écrivain, il a déjà participé à l'émission "Lit" de Yale. Il s'est grandement amélioré et je l'aime beaucoup. Nous avons fait une marche de huit kilomètres ensemble hier. Rodman, je pense, sera journaliste. Il est déjà l'un des rédacteurs d'un journal de Harvard, « The Crimson », je crois. Le pays ici ressemble beaucoup au Delaware en dessous de Hobart. Je m'arrêterai à Salisbury pour rendre visite à Miss Warner, puis je rentrerai chez moi vendredi ou samedi. J'écrirai à mes éditeurs pour vous envoyer Hill's Rhetoric. Je pense que tu ferais mieux de rentrer à la maison en début de semaine prochaine et de t'arrêter avec moi à SS. Amour à tous.

Ton père bien-aimé,

JOHN BURROUGHS.

Si les raisins échouent, nous essaierons de réunir les fonds nécessaires à vos dépenses à Harvard. À la fin de 1898, j'espère tirer beaucoup plus d'argent de mes livres : au moins 1 500 dollars par an.

Ce dernier était au crayon, un post-scriptum. Évidemment, Père avait en tête la pourriture du raisin, mais à cette date, le 21 juillet, les dés étaient jetés ; il n'y avait alors rien à faire. S'ils avaient été correctement pulvérisés en mai et juin, on aurait pu se moquer de la pourriture noire, mais il est très probable que Père n'y ait pas prêté attention ; c'est-à-dire qu'il avait fait pulvériser l'homme à gages. Il avait d'autres chats à fouetter, comme il le disait souvent. Pour moi, ce qui est merveilleux, c'est qu'il avait autant de fers au feu et qu'il était toujours capable d'écrire. Les différentes propriétés que Père avait accumulées au cours de sa vie suffisaient à elles seules à lui occuper tout son temps, sans sa nature heureuse et sa merveilleuse faculté de pouvoir les mettre de côté lorsque la muse lui donnait un coup de coude.

d'abord eu l'endroit ici, Riverby , auquel il a ajouté neuf acres supplémentaires plus tard, défrichant et abandonnant tout cela et en mettant le tout dans les meilleurs raisins, ceux qui provoquaient le plus de travail et de problèmes : Delawares, Niagaras , Wordens et Moore est tôt. D'autres types ont été essayés, le Gaertner, autrefois célèbre, le Moore's Diamond, le Green Mountain ou le Winchell, etc. Et des groseilles aussi, des hectares plantés sous et entre les rangées de raisins, des poires Bartlett et des pêches. Pendant que j'écris, une image me vient à l'esprit de mon père dans un pêcher, sur un haut escabeau, cueillant des pêches, et de quelques filles avec des appareils photo le prenant en photo et toutes riant et les filles s'exclamant ; « À la merci des Kodakers » – et Père appréciant la plaisanterie et leur cueillant des pêches moelleuses. Il aimait cueillir des pêches. Le gros et beau fruit entouré de feuilles vertes luisantes l'a séduit et, comme il l'a dit : « Quand j'en trouve un qui est trop mou pour être expédié, je peux le manger. » Je me souviens très bien de notre transport des paniers remplis jusqu'au quai où ils ont été expédiés en ville et de mon père qui était devant avec un panier sur son épaule et de son trébuchement et de sa fuite tête baissée, la tête penchée sur le rebord abrupt des rochers, le panier éclatant. sa chute et les pêches s'étendant au loin sur les rochers en contrebas. Nous avons ramassé les pêches et Père n'a pas été blessé, même s'il est tombé si près du sommet du rebord abrupt que sa tête et son épaule pendaient et que son visage est devenu rouge dans sa lutte pour se retenir.

Puis, au début des années 90, il acheta le terrain et construisit Slabsides , défrichant les trois acres de marais de céleri ; et pendant un certain temps il y passa beaucoup de temps. "Wild Life About My Cabin" était l'un des essais sur la nature écrits par Slabsides . La cabane était recouverte de dalles, et Père voulait lui donner un nom qui collerait, disait-il, qui serait facilement associé à l'endroit, et il a certainement réussi, car tout le monde connaît Slabsides . L'oncle Hiram, le frère aîné de mon père, y passait beaucoup de temps avec lui. Les deux frères, aux antipodes de leur constitution mentale et de leurs perspectives, passaient de nombreuses soirées solitaires ensemble, le père lisant les meilleurs essais de philosophie ou les meilleurs essais, l'oncle Hiram jouant du tambour et fredonnant sous son souffle, rêvant ses rêves aussi, mais sans jamais regarder un livre ni même un magazine. Bientôt, il s'endormirait sur sa chaise et, devant le feu doux, Père rêverait ses rêves, dont il réalisait tant de rêves, en écoutant les quelques bruits nocturnes des bois. Père s'est efforcé de réaliser les rêves de l'oncle Hiram. Il lui a donné un foyer pendant de nombreuses années et l'a aidé dans son apiculture et a pleinement sympathisé avec lui et a compris son espoir que « l'année prochaine » les abeilles paieraient et rendraient tout.

Quelqu'un a attrapé un gros serpent à tête cuivrée, l'un des plus méchants de tous les serpents venimeux, et qui est assez rare ici, heureusement, et pendant un certain temps, mon père l'a gardé dans un tonneau près de Slabsides . Plus tard, il s'en lassa, mais il n'eut pas le cœur de le tuer, son prisonnier. "Après avoir gardé une chose sous silence et l'avoir observée tous les jours, je ne peux pas sortir et la tuer de sang-froid", a-t-il déclaré en s'excusant à moitié pour son acte. Il a dit à l'homme qui travaillait dans le marais de porter le serpent, le tonneau et tout le reste, parmi les rochers et de le laisser partir. L'homme, hors de vue, a immédiatement tué le serpent. Il me semble qu'ils avaient tous deux raison et que le serpent, bien qu'innocent lui-même, a dû souffrir.

Il y avait environ trois kilomètres jusqu'à Slabsides , une bonne partie à travers les bois et une partie sur une colline très raide. Je vois mon père partir avec son panier de marché au bras, le panier aussi plein de provisions et de lectures que sa démarche était pleine de vigueur . J'admets qu'il faisait souvent des descentes dans le garde-manger de Mère et qu'il n'était pas opposé à prendre des tartes et des gâteaux. En fait, il a été élevé en grande partie avec du gâteau et en a toujours mangé librement jusqu'à ces dernières années. « Ses parents », comme disait Mère, mangeaient toujours au moins trois sortes de gâteaux trois fois par jour, et encore davantage de gâteau la dernière fois avant d'aller au lit. À Slabsides, la plupart de la cuisine se faisait sur le feu ouvert – pommes de terre et oignons cuits dans la cendre, côtelettes d'agneau grillées sur la braise, petits pois frais du jardin – comme Père appréciait tout cela – la douceur des choses ! Il fredonnait :

"Il vivait tout seul, près des os

Là où la viande est la plus sucrée, il la mange constamment . "

et il aimait penser que cette vieille comptine s'appliquait à lui-même.

L'intérieur de Slabsides était fini avec des poteaux de bouleau et de hêtre, avec de l'écorce dessus, et une grande partie des meubles étaient fabriqués à partir de crosses et d'entrejambes naturelles. Il avait toujours « l'œil ouvert », comme il disait, à la recherche d'un morceau de bois naturel qu'il pourrait utiliser. Le doux-amer a une façon de s'enrouler autour d'un jeune arbre et, à mesure que les deux grandissent, il laisse une marque sur l'arbre qui lui donne l'impression qu'il était tordu. L'un de ces morceaux, une petite pruche, se trouve au-dessus de la cheminée, et mon père racontait comment il avait raconté aux filles qui visitaient Slabsides que lui et l'homme de mer avaient tordu ce bâton à la main. "Nous leur avons dit que nous l'avions pris quand il était vert", riait-il en racontant l'histoire, "et que nous l'avions tordu comme vous le voyez, puis l'avons attaché et séché ou assaisonné de cette façon - et ils l'ont cru !" et il en rirait puissamment.

En 1913, mon père a pu, avec l'aide d'un ami, acheter l'ancienne ferme de Roxbury, puis y aménager l'une des fermes, construite il y a longtemps par son frère Curtis, et a ainsi marqué le troisième jalon de sa vie. , dont chacun suffisait à occuper le temps et les soins d'un seul homme. Il l'appelait Woodchuck Lodge, et les dernières années de sa vie s'y passèrent en grande partie, sortant en juin et revenant en octobre.

Au moment où la lettre suivante a été écrite, mon père passait une grande partie de son temps à Slabsides et son intérêt pour le céleri et la laitue qui y étaient cultivés, ainsi que pour les raisins de Riverby , était des plus vifs. Le canard noir dont il était question était celui que j'avais ailé et ramené à la maison ; c'était excessivement sauvage jusqu'à ce que nous le mettions avec les canards apprivoisés, après quoi, comme l'a exprimé mon père, "il s'est inspiré d'eux et est devenu plus docile que les canards apprivoisés".

Côtés de dalles , 13 juillet 1997.

MON CHER JULIEN,

Je joins une circulaire du Amherst College qui vous est parvenue hier. Vous feriez sans aucun doute aussi bien, voire mieux, dans l'un des petits collèges qu'à Harvard. L'instruction est tout aussi bonne. Ce n'est pas le collège qui fait l'homme, mais l'inverse. Ou vous pourriez aller en Colombie cet automne. Vous seriez plus près de chez vous et vous auriez des instructeurs tout aussi compétents qu'à Harvard. Harvard n'a plus d'hommes de première classe . Mais si vous avez jeté votre dévolu sur Harvard, vous ferez bien sûr aussi bien en tant qu'étudiant spécial que si vous étiez admis à l'université. Vous ne manqueriez que des éléments non essentiels. Vous ne voulez pas de leur peau de mouton ; tout ce que vous voulez, c'est ce qu'ils peuvent vous apprendre.

Il a plu ici la plupart du temps depuis votre départ. Les raisins commencent à pourrir et si cette pluie et cette chaleur continuent, nous risquons de tous les perdre. Si les raisins partent, je n'aurai pas d'argent pour que tu partes cette année.

Un autre canard a été tué samedi soir, l'un des derniers couvains . Cela ressemblait au travail d'un raton laveur et Hiram et moi avons regardé toute la nuit de dimanche avec le pistolet, mais rien n'est arrivé et rien n'est arrivé la nuit dernière, à notre connaissance.

Faites-moi savoir ce que vous entendez de votre copain. Je chercherai une lettre de vous ce soir. Il pleut toujours et à quatre heures le ciel paraît toujours aussi épais et méchant. Cela risque d'être comme il y a huit ans, quand toi et moi étions dans la vieille maison. Dites-moi ce que dit M. Tooker, etc. Je pourrais aller chez Gilders le dernier de la semaine.

Votre père affectueux, JOHN BURROUGHS.

Votre canard noir s'apprivoise et ne se cache plus du tout.

Il est difficile pour la génération actuelle de se rendre compte de l'ombre, ou plutôt de l'influence, que la guerre civile a jetée sur la génération de mon père. Anciens combattants , défilés, pensions, récits de guerre : tout cela a coloré une grande partie de la vie civile, sociale, politique et même de la littérature de l'époque. Certains en ont parlé, en architecture, sous le nom de General Grant Period. Les « panoramas », que sont-ils devenus ? Je me souviens d'en avoir rendu visite à mon père : vous êtes entré dans un bâtiment, vous avez monté un escalier et vous êtes ressorti sur un balcon, un balcon rond au centre , et tout autour il y avait une image d'un des champs de bataille de la guerre, des obus éclatant, des hommes chargeaient, tombaient, et tout, toujours les deux drapeaux, enveloppés de fumée. Cela a fait une grande impression dans mon esprit d'enfant. Mon père connaissait de nombreux anciens combattants et nous avons lu ensemble les impressions de son ami

Charles Benton, "As Seen from the Ranks", et il a entretenu les amitiés qu'il avait nouées au cours de ses années à Washington.

Washington DC,

Mch . 2ème. {1897.}

CHER JULIEN,

Je suis arrivé de New York hier soir, j'ai quitté New York à 15h30 et j'étais ici à 20h45, aller-retour 8 $, billet valable jusqu'à lundi prochain. J'ai passé un bon moment à New York et je me suis amélioré tout le temps, même si mon sommeil était très interrompu. Je suis resté avec Hamlin Garland à l'hôtel New Amsterdam, je l'aime beaucoup, il vient ici. J'étais dehors pour dîner et déjeuner tous les jours. The *Century* m'a payé 125 $ pour un autre court article sur les chants d'oiseaux. Je l'ai écrit la semaine avant ma maladie. Il fait beau ici ce matin, chaud et doux comme avril, les routes poussiéreuses. Les gens de Baker vont tous bien et sont très gentils avec moi. Ils ont une grande maison sur Meridian Hill, où tout était un terrain sauvage lorsque j'habitais ici. Je resterai ici jusqu'à lundi prochain. Écris-moi quand tu comprendras comment ça se passe et comment va ta mère. Dites à Hiram que vous avez de mes nouvelles.

Ton père bien-aimé,

JOHN BURROUGHS.

Quand je suis parti à l'université à l' automne 1897, j'ai pu voir notre vie à Riverby sous un nouvel angle, comme il faut souvent le faire, s'éloigner d'une courte distance pour avoir une perspective claire d'un endroit. Et comme c'était la première fois que je partais de chez moi, mon père m'écrivait plus fréquemment et il abandonnait la formalité de ses lettres précédentes.

West Park, New York, 11 octobre. {1897.}

MON CHER JULIEN,

Votre lettre est arrivée lundi matin. Je suis désolé que vous n'ayez pas envoyé de message à votre mère. Vous savez à quel point elle est prompte à s'offusquer. Pourquoi ne pas nous adresser désormais vos lettres à tous deux, ainsi : « Chers Père et Mère ». Mais écris-lui seule la prochaine fois. Et ce cours de géologie donné par Shaler ? Je pensais que tu allais prendre ça ? Je préférerais que vous suiviez cela plutôt que n'importe quel cours de composition anglaise. Lisez « Modern Painters » de Ruskin lorsque vous en avez l'occasion. Lisez les « Traits anglais » d'Emerson et ses « Hommes représentatifs ».

Envoyez-moi quelques-unes des photos que vous avez prises à Slabsides des filles Suter et toutes autres qui pourraient m'intéresser.

Je vais aujourd'hui chez les Harriman à Arden pour deux ou trois jours. Samedi dernier, j'avais 25 filles Vassar aux SS et j'en attends davantage ce samedi. Lown a déclaré que Black Creek était plein de canards dimanche – j'en vois mais peu sur la rivière. Donnez mon amour aux filles Suter.... Beaucoup de brouillard ici ces derniers temps.

Ton père affectueux, JB

Canards à Black Creek, c'était alléchant de lire ça ! Cela m'a rappelé les jours où mon père et moi les chassions là-bas - je n'oublierai jamais à quel point il a été impressionné par un canard, si impressionné qu'il en a longuement parlé dans un article qu'il a écrit - "L'esprit d'un canard". Il me faisait remonter les étendues ensoleillées du Shataca sur Black Creek quand soudain deux canards colverts sombres ou canards noirs se sont arrachés du saule et de la cuscute et sont venus comme le vent au-dessus de nos têtes. J'utilisais un pistolet à canard de grande puissance et j'ai abattu les deux canards, dont un avec une aile cassée. Le canard tomba et, avec un léger clapotis, heurta l'eau, où pendant un instant il brillait et scintillait au soleil. Et c'est tout, le canard est parti instantanément, nous ne l'avons plus jamais revu. Ce qui s'est produit bien sûr, c'est que le canard a plongé, utilisant ses autres ailes et ses pattes, et est remonté dans les broussailles, où il s'est caché, sans doute avec seulement un demi-pouce de son bec hors de l'eau. Sa présence d'esprit, agissant instantanément et sans hésitation, fit s'exclamer Père avec émerveillement.

Père n'a jamais été un sportif au sens strict – il n'a jamais eu de fusil de chasse vraiment bon à quoi que ce soit, ni de chiens de chasse ni de vêtements de chasse – une paire de bottes en caoutchouc utilisées pour la pêche à la truite était tout ce qu'il pouvait aller dans cette direction – à moins que on pouvait compter le feutre mou, gris, déchiré, avec quelques mouches ou crochets coincés dans la bande. Il était un pêcheur de truite expert, mais n'était pas opposé à l'utilisation de sauterelles, de vers, d'appâts vivants ou de larves de mouches caddis. Je sais que nous étions un jour dans le Shataca et que mon père a tiré et tiré sur les canards noirs qui volaient au-dessus de nous, et il a déploré son manque d'habileté pour ne pas pouvoir les abattre. "Dick Martin faisait tomber ces gars à chaque fois", disait-il. En y repensant à la lumière de mon expérience ultérieure , je suis sûr que les canards étaient hors de portée et que le fusil emprunté était un pauvre objet faible, pas un fusil à canard. Nous nous sommes construits une maison en branches sur une petite île dans le marais et nous y sommes entrés, nous nous sommes accroupis, et bientôt des canards sont descendus, ont baissé leurs pattes pour tomber dans l'eau. "Ne tire pas, Poppie, ne tire pas !" Je me suis exclamé, et il n'a pas tiré, et jusqu'à ce jour, il n'a jamais su pourquoi je lui avais donné de si mauvais conseils : j'avais peur du bruit du pistolet ! Mon père pensait que je voulais qu'il attende qu'ils soient plus proches. Mais l'occasion ne s'est plus jamais présentée et nous sommes rentrés chez nous sans canard .

Dans un de ses essais, le Père parlait d'une famille nombreuse comme d'un grand arbre avec de nombreuses branches qui, bien qu'exposé aux périls des tempêtes et à tous les ennemis des arbres, avait en compensation plus de soleil, plus de places pour les oiseaux. et leurs nids, plus de beauté, et ainsi de suite. Je lui ai dit que Balzac exprimait la même idée en moins de mots, et pendant un instant il eut l'air inquiet. Balzac disait : « Nos enfants sont nos otages du Destin ». Et chaque manière d'exprimer une idée similaire est caractéristique de l'homme. À bien des égards, Père était comme un arbre aux vastes étendues : sa nature intense capturait tout le soleil et la beauté de la vie, suffisamment et davantage pour compenser le chagrin et la douleur qu'il connaissait. Aux aventures en plein air, à la montée d'une grosse truite à sa mouche, à l'apparition soudaine d'un gros animal sauvage, comment toute sa nature réagirait ! Il était bien conscient de ce trait et en parlait souvent. En fait, il n'avait aucune envie d'être froid et calculateur devant ce qui était inhabituel ou beau dans la nature. Quelque chose qui illustre parfaitement son trait de caractère me vient clairement à l'esprit : un jour du début du mois de mars, j'étais en train de chasser le canard ici sur l'Hudson et mon père m'observait depuis le rivage avec des jumelles. Il était assis dans un coin ensoleillé à côté des hauts rochers en contrebas de la colline. J'étais dans les glaces dérivantes avec mon canot, que j'avais peint pour ressembler à un gâteau de glace, et je pagayais très prudemment sur un troupeau d'une centaine de bernaches du Canada. Quand je suis arrivé presque à portée, j'ai trouvé mon avance dans la glace fermée et je ne pouvais pas me rapprocher, mais à proximité il y avait une autre avance dans la glace qui me mènerait à portée facile. Pour arriver à cette avance, j'ai dû reculer par rapport à celle dans laquelle je me trouvais, une performance plutôt chatouilleuse quand je suis si près des oies vigilantes. Je l'ai cependant fait et, si je me souviens bien, j'ai acheté des oies. Mais Père, à terre, ne pouvait pas voir les passages étroits dans les grands champs de glace ; il a seulement vu que lorsque j'étais près des oies, j'ai soudainement commencé à dériver en arrière, et me jugeant par lui-même, il a dit ensuite : « Je pensais que quand tu voyais toutes ces oies si près, tu étais si excité que tu étais submergé ou quelque chose comme ça - et tu étais allongé là dans au fond de ce bateau, impuissant dans les glaces !"

Les trois lettres suivantes montrent comment il surveillait la rivière à la recherche des oiseaux sauvages migrateurs :

Samedi,

Riverby , Mch . 26, {1898.}

MON CHER JULIEN,

Votre lettre a été reçue. Je joins un chèque de 10 $ car je n'ai aucune facture avec moi. Vous pouvez l' encaisser à Houghton, Mifflin Co., n° 4 Park St. — demandez M. Wheeler. Ou peut-être que le trésorier du collège l'encaissera. Nous allons tous bien et commençons les travaux du printemps. Hiram et moi greffons des raisins, et les garçons attachent et transportent les cendres. Le temps est beau et un printemps très précoce s'annonce. Je n'ai pas vu d'oie sauvage et seulement deux ou trois troupeaux de canards. J'aurais aimé être avec vous à la Foire des Sportsman. Si vous fabriquez ces chaussures d'eau ou ces bateaux à pied , je vous conseille de suivre la copie : faites-les comme ceux que vous avez vus.

Votre phrase sur le murmure des ailes des canards, etc., était bonne. Ruskin a inventé cette expression « l'erreur pathétique ». Vous le trouverez probablement dans votre rhétorique. Tout allait bien en ce qui concerne votre phrase.

Susie est très vive d'esprit.

Les shadmen se préparent. J'espère que vous irez entendre les conférences du Français Domnic. Il vaut la peine d'être écouté. Je serai très heureux lorsque les vacances de Pâques vous ramèneront à la maison, vous êtes rarement hors de mes pensées. J'ai fait deux gallons de sirop d'érable. Walt Dumont organise une vente aux enchères ce PM Nip et j'y vais.

Ton père bien-aimé,

JOHN BURROUGHS

Nip était un fox terrier qui fut pendant des années le compagnon constant de mon père et ils vécurent de nombreuses aventures ensemble.

Riverby , Mch . 8 {1898}

MON CHER JULIEN,

J'aurais aimé que tu sois là pour profiter de ce beau matin de printemps. C'est comme avril, lumineux, calme, chaud et rêveur, les moineaux chantent, les rouges-gorges et les oiseaux bleus crient, les poules ricanent, les corbeaux croassent, tandis que de temps en temps l'oreille détecte la longue plainte de l'alouette des prés. La glace de la rivière tranquille flotte langoureusement et j'ose dire que votre terrain de chasse regorge de canards. Je fais bouillir de la sève sur le vieux poêle installé ici dans le parc à copeaux. J'ai dix arbres entaillés et beaucoup de sève. J'aimerais que tu aies un peu de sirop. Ta mère est revenue hier et elle s'affaire désormais en cuisine, toujours de bonne humeur, si seulement ça dure. Elle a embauché une fille qui est attendue prochainement. Votre lettre est arrivée hier. Nul doute que vous vous amuserez à faire le "super" avec les garçons. Ce sera une expérience nouvelle. Dis-moi tout à propos de cela. Une note de Kennedy dit qu'il a vu

Trowbridge récemment et que T va vous inviter à sortir pour le voir. Allez-y s'il vous le demande, c'est un vieil ami à moi et un homme bien. Vous avez lu ses histoires quand vous étiez enfant. Il a des filles sympas. Souviens-toi de moi si tu y vas.

Je ne vois ni n'entends de canards ces derniers temps, je pense qu'ils tardent à venir. Mais je dois arrêter. Écrit bientôt.

Ton père bien-aimé,

JOHN BURROUGHS.

Quand vous aurez le temps, regardez mon article dans le March *Century* , je pense que le style est plutôt bon.

West Park Mch . 2 {1898}

MON CHER GARÇON,

Votre lettre est arrivée en temps voulu la semaine dernière et hier, votre mère s'est levée et m'a apporté votre dernière lettre. C'est un grand plaisir de savoir que vous vous portez bien, de bon cœur et de courage. Je vois que vous avez des douleurs dans les bras que vous pensez vainement que la taille des filles soulagerait. Mais ils ne le feraient pas, ils ne feraient qu'augmenter les douleurs. J'ai essayé et je le sais.

C'est tout à fait printanier comme ici : des oiseaux bleus, des journées claires et lumineuses, un sol à moitié nu, des routes asséchées et des poules qui ricanent. De la glace est encore dans la rivière jusqu'au coude.

Gardez le Carême autant que vous le pouvez, c'est-à-dire ralentissez votre viande, pas plus d'une fois par jour au maximum. Votre tête n'en sera que plus claire. Je me porte très bien depuis mon retour et j'écris toujours. Cette pensée m'est venue à l'esprit alors que j'étais au lit ce matin : vous allez à l'université pour deux choses, la connaissance et la culture. Dans les écoles techniques, l'étudiant acquiert beaucoup de connaissances et peu de culture. Les sciences et les mathématiques nous donnent la connaissance, seule la littérature peut nous donner la culture. Dans la meilleure histoire, nous mesurons les deux, nous obtenons des faits et sommes mis en contact avec de grands esprits. La chimie, la physique, la géologie, etc. ne sont pas des sources de culture. Mais Lessing, Goethe, Schiller, Shakespeare, etc. le sont. La discipline mathématique n'est pas une culture au sens strict ; mais la discipline qui châtie le goût, nourrit l'imagination, attise les sympathies, clarifie la raison, remue la conscience et conduit à la connaissance de soi et à la maîtrise de soi, c'est la culture. C'est ce que nous ne pouvons obtenir que de la littérature. Travaillez cette idée dans l'un de vos thèmes et montrez que l'objectif suprême d'une université comme Harvard devrait être la culture et non la connaissance.

Votre mère va bien et sera bientôt de retour. Je ne vois pas encore de canards. Hiram est toujours dans ses ruches et la musique de sa scie et de son marteau résonne bien à mes oreilles. Je vais entailler un arbre aujourd'hui.

Ton père bien-aimé,

JB

Après m'être installé à Matthews Hall, Cambridge, mon père et ma mère sont venus me voir à Cambridge. Père a dit de sa manière inimitable qu'il avait demandé à Mère si elle irait à tel endroit ou à tel autre, et elle a répondu "Non" à chacun; puis quand il lui a suggéré Cambridge, elle a répondu : « Oui ». Quand ils sont retournés à Riverby , dans la maison calme et solitaire, je leur ai manqué, et mon père a écrit à propos de tout cela :

Côtés de dalles , 16 octobre 1897.

MON CHER JULIEN,

... Nous sommes rentrés sains et saufs jeudi soir après un trajet poussiéreux et fastidieux. On se sent très seul dans la maison. Je pense que tu nous manques tous les deux maintenant plus qu'avant de quitter la maison ; c'est désormais une certitude que vous êtes fixé là-bas à Harvard et qu'un large gouffre nous sépare. Mais si seulement vous vous portez bien et que vous réussissez dans vos études, nous supporterons la séparation avec joie. Les enfants ne se rendent pas compte à quel point le cœur de leurs parents aspire à eux. Quand ils grandissent et ont leurs propres enfants, alors ils comprennent et soupirent, et soupirent quand il est trop tard. Si vous vivez vieux, vous n'oublierez jamais comment votre père et votre mère sont venus vous rendre visite à Harvard et ont essayé si fort de faire quelque chose pour vous. Quand j'avais ton âge et que j'étais à l'école à Ashland, mon père et ma mère sont venus un après-midi en traîneau et ont passé quelques heures avec moi. Ils m'ont apporté des tartelettes et des pommes. Le vieux fermier et sa vieille femme, comme ils avaient l'air maladroits et curieux au milieu de la foule des jeunes, mais comme leur pensée et leur souvenir me sont précieux ! Plus tard dans l'hiver, Hiram et Wilson sont venus chacun dans un cutter avec une fille et sont restés environ une heure... Le monde a l'air beau mais triste, triste. Écrivez-nous souvent.

Ton père affectueux, JB

« Quand il est trop tard » : comme il comprenait, comme ses sympathies étaient larges ! Quelle angoisse ces paroles doivent nous coûter à tous à un moment donné ! Père a compris, moi non, et maintenant il est trop tard.

West Park, New York, 7 novembre 1897.

MON CHER JULIEN,

Si vous regardez maintenant vers l'ouest, à travers la Nouvelle-Angleterre, vers sept heures du soir, vous verrez de nouveau une lumière dans la fenêtre de mon bureau – une faible lumière là-bas, sur la rive du grand fleuve – faible même pour l'œil de la foi. Si votre œil est suffisamment perçant, vous me verrez assis là près de ma lampe, grignotant des livres ou des papiers ou somnolant sur ma chaise, enveloppé dans une profonde méditation. Si vous pouviez pénétrer mon esprit , vous verriez que je pense souvent à vous et que je me demande comment se passe votre vie à Harvard et ce que l'avenir vous réserve. J'ai trouvé mon chemin depuis l'herbe de l'étude cultivée, presque effacée. Cela m'a rendu triste. Bientôt, dis-je, tous les chemins que j'ai tracés dans ce monde seront envahis par la végétation et négligés. J'espère que vous pourrez en garder certains ouverts. Les chemins que j'ai tracés dans la littérature, j'espère que vous pourrez les garder ouverts et en créer d'autres par vous-mêmes.

Ton père affectueux, JB

C'était toujours une source de déception pour mon Père que je n'écrive pas davantage, que je ne puisse pas continuer son travail – mais c'était plus que ce à quoi il aurait dû s'attendre. C'était un essayiste, animé d'une ambition littéraire qui ne faiblit ni ne s'estompa pendant plus de soixante ans. Un jour, j'ai écrit une brève introduction à un récit de chasse qui a remporté un prix dans un journal sportif et je n'oublierai jamais à quel point mon père en était heureux : « Cela m'a rempli d'émotion, dit-il, cela m'a fait monter les larmes aux yeux. un morceau entier comme ça et je l'enverrai dans l' *Atlantique* ."

Comme il aimait la phrase révélatrice, la tournure des mots qui convenait et qui faisait que la forme et le fond ne faisaient qu'un ! Je sais que j'avais une petite tasse ou une tasse en argent que j'utilisais à table, et quand j'ai vu la première cloche de ma locomotive sonner lentement, je l'ai regardée et je me suis exclamé : « Tasse, cloche ouverte ». Comment Père a ri et me l'a répété ensuite – la façon enfantine d'exprimer l'étrange et le nouveau en termes de familier et d'ancien. Le petit fils d'un ami de son père, lorsqu'il a vu l'océan pour la première fois, s'est exclamé : « Oh, le grand pluvieux ! et Père riait de cette expression et se frappait les flancs de joie. Les expressions simples lui plaisaient toujours. Un jour, des enfants sont venus le voir. Ils avaient été envoyés par leurs parents avec des instructions strictes pour voir « l'homme lui-même », et lorsqu'ils ont demandé à Père s'il était « l'homme lui-même », il a bien ri et leur a répondu qu'il devinait que oui. Il aimait toujours raconter et mimer l'histoire de l'homme qui descendait dans la cave chercher un pichet de lait. En descendant, il est tombé dans les escaliers en pierre et s'est blessé douloureusement. Alors qu'il gémissait et se frottait , il entendit sa femme appeler : « John, as-tu cassé le pichet ? Regardant autour de lui, dans son angoisse, il aperçut la cruche intacte. "Non", répondit-il en serrant les dents, "mais, par tonnerre, je le ferai", et le saisissant par le manche, il l'écrasa sauvagement sur les pierres. Et Père comprenait exactement ce qu'il ressentait.

Le profond intérêt qu'il portait à la connaissance de soi est bien démontré dans la lettre suivante :

Riverby , 17 novembre 1897.

MON CHER JULIEN,

J'ai été vraiment désolé d'entendre parler de ces "D" et "E". J'étais probablement aussi bouleversé que toi. Je suis mélancolique depuis que j'en ai entendu parler. Mais vous vous sentirez mieux peu à peu... Une chose qui vous manque énormément, comme je suppose que c'est le cas de la plupart des garçons : la connaissance de soi. Vous ne semblez pas savoir ce que vous pouvez ou ne pouvez pas faire, ni quand vous avez échoué ou réussi. Vous avez toujours aimé essayer des choses au-delà de vos forces (moi aussi) comme dans le cas du bateau. Je pense que vous vous surestimez, ce que je n'ai jamais fait. Vous pensiez que vous auriez dû avoir un « A » en anglais et n'étiez pas préparé à votre mauvaise note en français et en allemand. Faites un petit examen de conscience et étouffez le bourgeon de la vanité ; obtenez une estimation juste et rendez-la trop basse plutôt que trop élevée. Je suis sûr de connaître mes propres points faibles, voyez si vous ne trouvez pas les vôtres. Ce dicton des anciens : « Connais-toi toi-même » doit être médité quotidiennement. Je limite toujours mes attentes, afin de ne pas être déçu si j'obtiens un « D » ou un « E ». Ma réussite dans la vie a été bien au-delà de mes attentes. Je connais plusieurs auteurs qui pensent qu'ils n'ont pas eu ce qu'ils méritaient ; mais c'est leur faute. Je viens de lire ceci dans Macaulay : « Si un homme apporte à Cambridge (où il a obtenu son diplôme en 1822) la connaissance de soi, la précision d'esprit et l'habitude d'un fort effort intellectuel, il a acquis le meilleur que le collège puisse donner. lui." C'est ce que je pense aussi.

Ton père bien-aimé,

JB

Côtés de dalles , 27 octobre. {1897.}

MON CHER GARÇON,

J'ai trouvé votre lettre ici hier à mon retour de New Jersey où j'étais allé samedi pour rendre visite à M. Mabie. J'étais heureux d'avoir de vos nouvelles. Vous devez écrire au moins une fois par semaine. Procurez-vous le pantalon d'aviron auquel vous faites référence et tout ce dont vous avez vraiment besoin... N'essayez pas de vivre avec moins de 3,50 dollars par semaine. Choisissez la nourriture la plus simple et la plus nourrissante - de la viande une seule fois par jour - pas de tarte mais des fruits et des puddings.

Le temps reste ici encore beau et sec ; pas encore de pluie et pas de fortes gelées.

Le céleri est le plus éteint ; pas plus de 175 $ pour cette deuxième récolte. J'élimine les Niagara en contrebas de la colline - rien ne paie, sauf les Delawares dans la lignée des raisins. J'ai eu beaucoup de compagnie, comme d'habitude. Cela me remonte le moral et m'éloigne des diables bleus. Votre mère fait le ménage et gémit comme d'habitude. Je ne peux garder mon sang-froid qu'en m'enfuyant vers SS.

Hiram se rend demain à Roxbury pour deux mois ou plus. Il va beaucoup me manquer. Il représente pour moi le père, la mère et l'ancienne maison. Il fait partie de tout cela. Lorsqu'il est ici, mon mal du pays chronique est atténué.

J'espère que vous ferez un peu de lecture en dehors de vos cours. Lisez, étudiez et imprégnez-vous d'un grand auteur pour son style. Essayez Hawthorne ou Emerson ou Ruskin ou Arnold. Le style le plus prégnant de tous se trouve chez Shakespeare. Un jour, allez au laboratoire et faites tester votre force. Binder dit qu'ils peuvent vous dire quelle partie est la plus faible. Surveillez votre santé et respectez des horaires réguliers. Écrivez-nous aussi souvent que vous le pouvez. Comme j'aurais aimé être aussi un étudiant de Harvard.

Avec la plus profonde affection, JOHN BURROUGHS.

C'est sans aucun doute une sage disposition de la nature que nous trouvions nos partenaires dans nos opposés. Il s'agit d'une loi naturelle œuvrant pour le bien de la race, visant à maintenir l'équilibre et l'uniformité de l'humanité. Certes, à bien des égards, deux personnes n'auraient pas pu être plus différentes que Père et Mère. Elle a dit qu'il était aussi faible que l'eau, et il a dit qu'il pouvait s'enivrer avec un verre d'eau. Il disait toujours que Mère faisait du ménage une fin en soi, et elle disait : "Tu sais comment il est, il ne s'occupe jamais de rien." Combien de soirées ai-je passées dans le bureau où la lampe commençait à brûler faiblement à cause du manque d'huile et où Père devait courir et remplir l'éclairage et Mère se plaignait : « Tout comme toi, viens réfléchir après la tombée de la nuit. tu le remplis à la lumière du jour ? » Ah moi, quand il faisait jour, Père n'avait pas besoin de la lampe ! C'était Mère qui remplissait les lampes, les taillait et polissait les cheminées régulièrement l'après-midi, alors que le soleil était encore levé ; mais c'est Père qui a taillé et rempli sa lampe et l'a laissée briller afin que tout le monde puisse la voir ! Après tout, je ne suis pas sûr que sa mère soit simplement sa femme ; il avait une détermination obstinée et son ambition d'écrire qui le conduisaient à travers toutes les épreuves de ménage ou les plaintes concernant les travaux ménagers. Une épouse en pleine sympathie avec son travail, qui le dorlotait et lui faisait croire que tout ce qu'il écrivait était parfait, ne l'aurait jamais fait du tout, pas plus qu'une femme égoïste, extravagante ou folle du monde. Père était capricieux, maussade, irritable, influençable, facile à diriger, souffrant parfois d'attaques de mélancolie, avec un seul but précis, celui d'écrire. Mère était économe, économe, matérielle, méfiante envers les gens, déterminée à amener leur navire dans un port confortable avant la vieillesse, et elle prenait le meilleur soin de son père et le maintenait stable et sans aucun doute, par sa force de caractère et sa fermeté, elle lui donnait de la force. et de la fermeté dans sa vie. Leurs dernières années furent des plus heureuses ensemble et remplies d'une sympathie et d'une compréhension qui étaient belles.

Parfois, mon père se parlait à lui-même, mais très rarement, et les deux lettres suivantes sont presque comme s'il se parlait à lui-même. "Je suis beaucoup moins désespéré quand il est ici", dit-il à propos de lui-même et de son oncle Hiram. Malgré toute son introspection, il n'a pas vu que l'abandon faisait partie du prix qu'il devait payer pour la joie simple mais intense qu'il éprouvait de la beauté de la vie et de la nature.

WP mardi 25 janvier {1897}.

MON CHER JULIEN,

Il fait encore doux ici : la neige a presque disparu, mais la rivière est gelée jusqu'au coude. Nous ne nous en sortons pas encore. Votre mère ne bougera pas et Hiram et moi irons probablement à Slabsides , car elle veut fermer la maison.

Hiram est arrivé il y a une semaine et reste et mange ici dans le bureau. Je suis beaucoup moins désespéré quand il est ici. Cela vous semble probablement étrange , je sais que vous ne l'avez jamais considéré avec beaucoup de gentillesse. Mais vous n'avez jamais vu Hiram – pas le Hiram que je vois. Ce petit vieillard ennuyeux et ignorant que vous avez vu n'est qu'un masque transparent à travers lequel je vois le Hiram de ma jeunesse, et je vois la vieille maison, le bon vieux temps, le père et la mère et toute la vie dans la vieille ferme. C'est un sentiment que vous ne pouvez pas comprendre, mais vous le pourrez si vous vivez jusqu'à être vieux.

J'espère que vous avez abandonné cette affaire d'équipage de bateau à ce moment-là. Ce n'est pas fait pour vous. Vous n'allez pas à Harvard pour ça. Comme je vous l'ai écrit, vous n'avez pas le tempérament athlétique, mais quelque chose de plus fin et de meilleur. Vous avez besoin d'un bon exercice quotidien intense, mais pas d'un entraînement intensif. Si tu avais eu la moitié de mon âge, ces bains froids t'auraient probablement tué. Les vieillards meurent souvent dans le bain froid. Le sang est entraîné et exerce une trop grande pression sur les artères. Écrivez-moi quand vous recevrez ceci et parlez-moi de vous.

Ton père bien-aimé,

JB

Très probablement, ce que j'ai écrit en disait à mon père bien plus que je ne le pensais, et il était toujours prêt à donner tous les conseils qu'il pouvait donner, notamment en matière de santé. C'étaient les années où il avait de nombreux troubles : insomnies, névralgies, et surtout un trouble qu'il appelait paludisme, mais qui était en grande partie une autotoxémie. Un médecin lui a brûlé le bras avec un fer chauffé à blanc dans le but d'en finir avec la douleur de la névralgie et des années plus tard, mon père en riait - "tout comme un guérisseur africain chassant les démons dans mon bras avec un fer blanc". fer chaud - le problème n'était pas là, c'était le poison dans mon système dû à une élimination défectueuse. Quand il découvrit enfin la source de ses ennuis, comme il était heureux !

Riverby , 3 février {1898}

MON CHER JULIEN,

Votre lettre est arrivée ce matin. L'hiver est rude ici aussi. Neige environ 20 pouces et temps nul la nuit. J'ai presque gelé le haut de ma tête là-haut, dans la vieille maison. Les hommes de glace grattent la neige, de la glace de 8 ou 9 pouces. Ta mère est à Poughkeepsie, j'y étais lundi soir. Je doute qu'elle vienne à Cambridge et je me demande si je ferais mieux de venir ou de rester ici et d'économiser mon argent. Si vous pouvez rentrer à la maison pendant les vacances de Pâques, je ferais peut-être mieux de ne pas venir. Si vous aviez une semaine, auriez-vous préféré ne pas rentrer à la maison plutôt que de me faire venir maintenant ? Dis moi comment tu te sens. Mais je me sentirai peut-être différent la semaine prochaine, je serai peut-être éliminé à ce moment-là. Si je pensais pouvoir continuer mon travail là-bas, je viendrais immédiatement. Je suis en excellente santé et je n'ai pas besoin de changement. Je ne pouvais pas faire grand-chose avec vos examens d'anglais. J'ai une mauvaise opinion de ce genre de choses. Ce n'est pas ainsi qu'on fait des écrivains ou des penseurs. Je joins mon chèque pour la facture que vous devez faire acquitter. Écrivez-moi tout de suite pour les vacances de Pâques.

Ton père bien-aimé,

JOHN BURROUGHS.

Plus tard, lors de sa visite à Cambridge, il a écrit un thème quotidien, je l'ai copié et je l'ai remis comme étant le mien, et il est rapidement revenu marqué « sain et sensé », l'instructeur ayant, tout à fait inconsciemment et sans le savoir, découvert deux qualités saillantes de Le style du père. Je me souviens que le thème qu'il avait écrit concernait la statue de John Harvard, assis tête nue en plein air, exposé à tous les temps. Mon père disait qu'il voulait toujours tenir quelque chose au-dessus de lui pour se protéger de la neige ou du soleil. La vie qu'il a menée ici et dans ses environs ne pouvait produire autre chose qu'une écriture saine et sensée. La vieille maison dont il est question était la ferme d'origine qui se dressait près de la route : elle a été démolie en 1903 et une nouvelle maison construite juste en dessous. Mon père et moi y avons passé un été lorsque nous avons loué Riverby à des New-Yorkais et il y a passé du temps plus tard, comme par exemple :

Samedi après-midi, 29 janvier {1898}.

MON CHER JULIEN,

Hiram et moi sommes avec les Ackers {qui vivaient alors dans la vieille maison}. Je trouve la nourriture, je leur donne le loyer et ils font le travail. J'aurai la paix maintenant et ce sera bon. Si je viens à C, quand préféreriez-vous que je vienne ? Je n'ai pas encore fini d'écrire, mais je l'aurai peut-être dans huit ou dix jours. Ecrire, c'est comme la chasse au canard, on ne sait pas quel gibier on va attraper ni quand il reviendra : c'est pourquoi je suis indécis. Je fais tout attendre de mon écriture. Il fait froid ici, jusqu'à quatre heures du matin ; bonne luge. J'ai reçu votre lettre hier, je ne sais pas pour ces pièces – demandez à M. Page ou à Rodman. J'espère que vous réussissez vos examens. C'est le nouveau stylo, je ne l'aime pas encore beaucoup. La perspective d'une récolte de glace s'éclaircit. Écrire.

Ton père aimant

JB

WP, samedi 15 janvier {1898}

MON CHER JULIEN,

J'ai été heureux de recevoir votre lettre et de vous voir en si haute plume. J'espère que vous le garderez. Surveillez votre santé et vos habitudes et vous pourrez le faire. Cependant votre lettre ne m'a pas donné une entière satisfaction. Si vous saviez à quel point je n'aime pas l'argot, surtout le langage vulgaire et bon marché, vous m'en épargneriez cette affliction. Il y a l'argot et l'argot. Certains ont de l'esprit, d'autres sont simplement une stupide perversion du langage. Ce dernier me déplaît, tout comme l'habitude du tabac à laquelle il s'apparente beaucoup. Jusqu'à présent, vous aviez échappé à l'habitude du tabac et j'avais espéré que vous échapperiez à l'habitude de l'argot. Ce n'est pas un peu plus viril que la cigarette ou le cigare. Certaines expressions d'argot, comme « tu n'es pas dedans » ou « tu es descendu de ton chariot » et d'autres, peuvent convenir dans une conversation familière avec des amis, mais « des tas de froid » ou « ne coupe pas la glace », etc., sont simplement idiot. Quand vous m'écrirez, renvoyez-moi la carte postale pour que je puisse voir quels mots j'ai mal orthographiés. Il fait encore très doux ici, mais il neige ce matin. Nip et moi avons eu du bon patinage, comme un miroir sur plus d'un mile ici devant : mais la glace devient de plus en plus fine. Je ne sais pas quand je viendrai à Cambridge. Votre mère vient de traverser le solstice d'hiver de son caractère et déclare qu'elle ne va nulle part. Je m'en irai bientôt, même si elle reste ici. J'ai lu Balzac et je l'ai apprécié. La première mi-temps est de loin la meilleure. La fin est faible et absurde. Le vieil avare est clairement et fortement dessiné, tout comme la plupart des personnages. Mais nous n'avons ni pitié ni sympathie pour l'héroïne. Comme elle est grande et fine, cette fille de New Paltz, mais probablement comme une grosse pomme, elle manque de saveur ....

Ton père affectueux, JB

Il était très facile de comprendre pourquoi mon père n'aimait pas l'argot : c'était une perversion de son art, et comme je l'ai dit, il avait la véritable fierté de l'artisan dans son art. Personne n'aimait plus l'expression juste et spirituelle ; il les recherchait sans cesse, et l'argot était quelque chose qui dépassait les limites et était donc quelque chose de vraiment odieux. Je l'ai souvent entendu raconter avec un plaisir ravi l'histoire de quelques hommes qui passaient une nuit d'hiver dans un hôtel de campagne. Je pense que c'est Eugene Field qui a fait la remarque qui a tant ravi Père, et JT Trowbridge la raconte dans « My own Story ». C'était une nuit glaciale et les couvertures étaient rares ; et plus encore, il y avait plusieurs carreaux à la fenêtre. Field fouilla dans le placard et trouva les cerceaux d'une vieille jupe à cerceaux, alors démodée, et il les accrocha au-dessus de la fenêtre cassée, en disant "Cela protégera du froid le plus grossier !" "Le plus gros des froids", Père répétait l'expression et riait à nouveau. Je me souviens de sa reconnaissance envieuse d'une illustration appropriée : deux bûcherons célèbres coupaient une allumette pour voir lequel pourrait abattre son arbre en premier, et leur habileté était si grande et leurs coups si rapides que les copeaux sortaient littéralement de l'arbre comme si il y avait eu une fuite. "C'est bien", dit-il à propos de cette phrase et il baissa les yeux. Un jour, nous faisions du bateau à moteur sur le canal Champlain et nous avons été retardés toute la journée par le nombre de bateaux lents. Pourtant, certains fournisseurs d'écluses ont indiqué que les affaires étaient très lentes. Un membre de notre groupe a commenté cela et a déclaré qu'il y avait suffisamment de bateaux fluviaux, que le canal semblait plutôt bien gommé avec eux. "Plutôt bien englué avec eux", répétait Père encore et encore et il riait comme un enfant à chaque fois. Je me plaignais souvent de la maison en pierre de Riverby , du fait que mon père, en la planifiant, n'avait pas prévu d'utiliser le soleil de l'hiver ; non seulement les fenêtres n'étaient pas bien placées, mais il y avait des épicéas qui gênaient. "Vous écrivez un livre sur 'Winter Sunshine' et vous n'en laissez aucun entrer chez vous", lui ai-je dit et il a dit que s'il avait eu le soleil d'hiver chez lui, il n'aurait peut-être pas écrit le livre. Une déclaration qui contient une grande part de vérité fondamentale, du moins dans son cas.

À cette époque, nous nous amusions beaucoup à patiner ; Père avait une curieuse paire de vieux patins qu'il fixait sur une paire de chaussures pour qu'ils ne se détachent pas. Il a mis ces chaussures, patins et tout, sous son bras et c'est parti. Il enlevait ses chaussures « Congress », enfilait les chaussures avec patins attachés et partait sur la glace, son chien courant à ses côtés. Une fois, il a tenté une voile avec une de ses couvertures militaires et quelques morceaux de moulures restant de la construction du bureau, mais cela n'a pas fonctionné. Les gens à terre ont déclaré qu'ils pensaient qu'il s'agissait d'une sorte d'engin de sauvetage au cas où il briserait la glace. Un jour, dans le Shataca, nous avions un patin aussi beau que nous puissions l'imaginer : il y avait eu un dégel avec des eaux élevées et Black Creek avait inondé le marais, l'eau s'écoulant par-dessus le Shataca fortement boisé vers les hautes terres. Celle-ci avait alors gelé et l'eau s'en échappait, laissant la glace vitreuse pendre aux troncs des arbres. La glace s'affaissait un peu entre les arbres, ce qui donnait un mouvement de haut en bas des plus délicieux lorsqu'ils glissaient dessus sur des patins, aussi près du vol qu'on pouvait l'imaginer à cette époque.

En esprit et souvent en fait, mon père allait à l'université avec moi, il assistait aux cours que je suivais et souvent, lorsque j'avais lu un livre demandé, je lui envoyais l'exemplaire pour qu'il le lise et il le commentait. Dans la lettre suivante, il commente un livre que je lui avais envoyé, et dresse en même temps un tableau de ses journées à Slabsides :

Côtés de dalles , dimanche 22 mai {1898}.

MON CHER FILS,

L'autre jour, quand je suis rentré à la maison, ta mère m'a "sauté" à propos de deux choses : que j'aille déjeuner chez R's et que je t'emmène à ce spectacle à 5 cents à Boston...

Fortes averses d'orage ici jeudi soir, nuageux aujourd'hui. Assez chaud ces trois derniers jours. Le Primus est une belle réussite. Il utilise plutôt plus d'un demi-cent par heure. Les Van B avec deux filles Vassar étaient juste par ici. Le « Pêcheur islandais » est une douce et tendre histoire pathétique. On n'oublie pas Yann : et quelle image de la vie de ces pêcheurs ! Je ne savais pas que la France possédait une telle industrie. J'ai remonté Black Creek à nouveau vendredi, mais je n'ai vu aucun canard... Il y avait 35 personnes ici la semaine dernière. Écrivez ce que vous décidez de faire à propos de votre chambre. Les bois sont presque entièrement feuillus maintenant.

Ton père bien-aimé – JB

En comparant la vie de l'enfance de Père avec notre vie ici à Riverby à cette époque et en comparant encore une fois cela avec la vie d'aujourd'hui, on ne peut que se demander quel sera le résultat final. Dans une société primitive, chaque individu sait tout de tout ce qu'il possède dans la vie ; à mesure que la civilisation devient plus complexe , nous devenons de plus en plus spécialistes, ce que les économistes appellent la « division du travail » devient de plus en plus opérationnel, et les individus traversent la vie aujourd'hui en ne sachant faire que très peu de choses nécessaires. à leur existence. La civilisation ancienne ou primitive a produit une race indépendante et des individus pittoresques et au caractère unique. Père l'a remarqué. Il aimait l'homme ou la femme démodés, si fortement individuels et pittoresques. Je me souviens d'un de ces personnages, on l'appelait "le vieux Jimmy aveugle", qui parcourait le pays avec un bâton, et quand mon père l'a vu arriver, un jour "à la maison", il m'a demandé de courir avec mon appareil photo et de me poster en bas. la route et prendre une photo du vieux Jimmy aveugle alors qu'il passait. Je l'ai fait et j'ai tout de suite su que Jimmy savait que j'étais là. Il a dû m'entendre d'une manière ou d'une autre, et a sûrement dû entendre le ronronnement de l'obturateur du plan focal pendant que je prenais sa photo. Un jour, sur la place du marché de la Jamaïque, aux Antilles, il y avait un homme à l'air sauvage qui ressemblait à ce qu'on imagine un pirate de la Main espagnole, et mon père s'intéressait beaucoup à lui et me demanda de lui prendre une photo. cela a demandé des manœuvres considérables , mais je l'ai finalement eu.

Une grande partie de l'ordre ancien nous tenait à cœur ici à Riverby : maman préparait toujours des gâteaux au sarrasin, nous recevions un sac de farine de « chez nous » et elle faisait lever les gâteaux ; J'entends le bruit de la cuillère en bois pendant qu'elle les mélangeait le soir puis les posait derrière le poêle. Maintenant, nous préparons la farine à mélanger avec de l'eau. Plus besoin de chercher du babeurre à utiliser, plus besoin de les faire lever sur le pichet à pâte pendant la nuit. Père en mangeait toujours, cinq ou six. Aucune journée ne commençait par temps froid sans « crêpes ». Et « à la maison », ils fabriquaient leur propre savon, mais ici, maman a pris une boîte de savon et l'a soigneusement empilée pour qu'elle sèche et durcisse. Il y avait dans la cave un seau pour la « graisse à savon », dans lequel on mettait chaque morceau de graisse et de graisse et on le gardait jusqu'au jour où « l'homme au savon » viendrait l'acheter. C'était l'époque où les pommes de terre coûtaient moins de cinquante cents le boisseau, les œufs un dollar cent, et où l'on pouvait se procurer les meilleurs œufs d'alose pour vingt-cinq cents. Et les filets d'alose étaient tricotés à la main. Je me souviens que mon père racontait comment la famille Manning, qui vivait en contrebas de la colline, tricotait des filets à alose tout l'hiver. Désormais, on peut acheter le filet déjà tricoté à un prix pratiquement aussi bas que la ficelle. Des voiliers parsemaient l'Hudson – des sloops et des goélettes flânaient le long du fleuve ou viraient de bord bruyamment. Je sais qu'ici, ils étaient encalminés et bloqués par la marée et les marins débarquaient et attaquaient les vergers. Un jour, certains d'entre eux ont volé un mouton et l'ont emmené sur la goélette. Le propriétaire du mouton est venu après les marins avec un mandat de perquisition, mais les marins espiègles ont tendu la chaîne de l'ancre et ont attaché le mouton à la chaîne et l'ont abaissé jusqu'à ce que le mouton, qu'ils avaient massacré, soit sous l'eau et que le mandat de perquisition soit même je n'ai pas pu le trouver.

« Le petit bateau » mentionné dans la lettre du 24 juillet 1893, et sur lequel Père expédiait ses pêches, était un petit bateau à vapeur qui allait de Rondout à Poughkeepsie et était plus ou moins une institution familiale lorsque la rivière était ouverte. Il débarquait lorsque nous l'hélions, au quai au pied de notre vigne, et Père allait surtout en ville faire ses courses sur « le petit bateau ». Un jour, il alla chercher ses graines de jardin et, en revenant, une violente rafale fit passer par-dessus bord son panier avec tous ses achats. Je me souviens encore à quel point il semblait dégoûté et énervé à ce sujet. Une autre fois, il était sur ce petit bateau lorsqu'il débarqua à Hyde Park et qu'un attelage de chevaux, attelés à un gros chariot chargé de briques, se tenait sur le quai. Ils ont pris peur et ont commencé à reculer, malgré les efforts du conducteur pour les arrêter. En un instant, les roues arrière dépassèrent le bord du quai, puis lorsqu'ils ressentirent la terrible traction vers l'arrière du chariot, ils bondirent en avant dans un effort désespéré et vain pour se sauver. Leurs sabots battaient frénétiquement sur la planche, projetant une pluie d'éclats, et bien qu'ils tendent toutes les fibres de leur corps, ils furent entraînés vers la mort. Mon père en était très contrarié. Cela lui fit une vive impression. "Mais," dit-il, "il y avait un prêtre qui était assis près de moi et qui le voyait à peine ; il n'y prêtait pas plus attention que si rien ne s'était passé", et je sens que tous les prêtres en ont souffert aux yeux de Père !

L'une des cérémonies ici à Riverby était la remise du paillasson la nuit. Mère a fait cela ou m'a dit de le faire — je doute que Père le fasse. On l'apportait par crainte de l'humidité ou de la pluie pendant la nuit, qui mouillerait le tapis et réduirait son utilité. Quelle différence avec le ménage de nos jours !

Père portait toujours des chemises en flanelle, d'un gris foncé, et celles-ci avaient la fâcheuse habitude de rétrécir autour du cou, aussi en les lavant, elles étaient étirées puis séchées sur un seau à lait - je les vois maintenant, accrochées au fil avec le seau dépassant du col. Un soir, j'ai fait une blague cruelle à mon père ; J'allais chez le salarié pour jouer aux cartes et j'ai demandé à mon père de me laisser la porte ouverte, ce qu'il a fait. Il était très tard quand je revins, neuf ou dix heures et demie, et comme je ne voulais déranger personne, je me glissai à l'intérieur de ma manière la plus furtive et me mis au lit. Le matin, mon père m'a demandé avec enthousiasme quand je suis entré. "Vous avez dû être très sournois à ce sujet", a-t-il dit, moitié en admiration, moitié en reproche, quand je lui ai dit, "car je suis resté éveillé à vous attendre pour entrer. et quand il était dix heures passées, je me suis levé pour descendre voir ce que tu étais devenu et j'ai découvert que tu étais entré.

Il est toujours vrai que beaucoup de choses qu'un homme considère comme importantes ne sont pas considérées par une femme ; et inversement, beaucoup de choses qu'une femme prend au sérieux sont pour un homme une plaisanterie. Ce qui suit donne une image de la vie ici et résume la différence entre le point de vue du Père et celui de la Mère :

Jeudi 17 mai {1900}

MON CHER GARÇON,

J'avais l'intention de t'écrire avant, mais j'ai été très occupé et ta mère a eu du mal avec sa maison. Elle s'est mise à la cuisine pour faire le ménage. Elle a embauché une femme qui doit venir la semaine prochaine et elle veut mettre de l'ordre dans la maison pour elle. J'ai eu de la compagnie. Vendredi après-midi, "Teddy Roosevelt Jr" est venu et est resté jusqu'à lundi matin. C'est son père en miniature. Il m'a tenu en haleine tout le temps. Samedi, nous avons remonté le Shataca et préparé notre dîner sur la petite île où vous et moi l'avons fait. Nous avons eu un bon temps. Il grimpait aux arbres et aux rochers comme un écureuil. Il cherchait tout le temps quelque chose de difficile à faire.

19 mai. J'ai été étouffé ici et maintenant je suis dans le pétrin. Nous avons commencé à réparer la citerne hier et nous l'avons terminé à moitié quand la pluie est arrivée - un pouce et demi d'eau et votre mère est furieuse - elle a pleuré toute la nuit et elle pleure et tempête encore ce matin. Bien sûr, c'est entièrement ma faute. Je voulais le réparer il y a dix jours mais elle a dit non, elle voulait que l'eau nettoie la maison. Si vous et moi étions morts tous les deux , elle n'aurait pas pu verser plus de larmes qu'elle n'en a versé sur cette insignifiante affaire. Je me rendrai à Slabsides pour échapper à ce déluge de larmes. Cela fait six semaines que le temps est très sec, sans pluie et sans larmes. J'étais heureux de le voir venir, citerne ou pas. Cela a permis de sauver la récolte de foin et les fraises.

Les feuilles sont toutes sorties ici et les fleurs de pommiers sont tombées. M. et Mme Johnson de New York sont arrivés dimanche et sont repartis lundi soir. Clifton Johnson est arrivé mardi matin et est reparti mercredi. Des Vassar venaient aujourd'hui mais il pleut du nord-est

Bien sûr, vous ne pouvez croiser aucune fille honnête dans la rue et je dois me tenir à l'écart d'elles. Une fille honnête n'apprécierait pas les avances d'un étranger.

Les oiseaux sont très nombreux ce printemps.

Ton père bien-aimé JB

Au printemps 1999, on demanda à mon père de rejoindre l'expédition EH Harriman en Alaska et, bien que très réticent, il consentit à y aller. Il était l'historien de l'expédition et son récit parut dans le *Century* et dans son livre « Far and Near ». ". Mère avait toujours dit que «ses parents» avaient peur de sortir de la vue de la fumée de la cheminée de la maison. Il y avait quelque chose de tout cela chez Père. Il a dû se forcer à partir. Il était toujours malheureux lorsqu'il quittait son foyer et ses liens familiaux. Il se fit de nombreux nouveaux amis au cours de ce voyage : John Muir, qu'il appréciait énormément malgré le fait qu'il le traitait parfois d'« Écossais à grains croisés » ; Fuertes, l'artiste de la nature ; Dallenbaugh , l'un de ceux qui ont fait le voyage à travers le Grand Canyon avec le major Powell et qui a écrit « A Canyon Voyage » ; Charles Keeler, le poète, et bien d'autres.

Près de Fort Wrangell, Alaska, le 5 juin {1899}.

MON CHER GARÇON,

continuons à naviguer vers le nord à travers ces merveilleux canaux et ces détroits montagneux qui marquent ce côté du continent au milieu de paysages dont vous et moi n'avons jamais rêvé. Ce matin, nous nous sommes réveillés à Fort Wrangell sous un ciel clair et froid, comme un hiver en Floride, disaient certains d'entre eux, du mercure à 44 et des sommets enneigés tout autour de l'horizon. Sur le rivage, des fleurs sauvages s'épanouissaient et les mauvaises herbes et les arbustes prenaient un bon départ. J'ai vu des hirondelles et entendu des moineaux chanteurs, qui ne différaient pas beaucoup de ceux de chez nous. Nous avons eu du beau temps la plupart du temps depuis que nous avons quitté Victoria, mais il faisait froid. J'ai emprunté un pardessus épais et j'aurais aimé en avoir deux. Je suis assis à la porte de ma chambre d'apparat en écrivant ceci et en regardant l'eau de mer bleue étincelante et les chaînes de montagnes aux sommets enneigés et aux épicéas. Muir vient de passer, puis M. Harriman fait la course avec ses enfants. Je l'aime. C'est un petit homme, de la taille d'Ingersoll et du même âge, avec des cheveux et une moustache bruns et une tête ronde et forte. Il semble très démocrate et ne prend aucun air. 11h00 Nous remontons maintenant le rétrécissement de Wrangell comme les hautes terres de l'Hudson, long de 25 miles avec des sommets enneigés en arrière-plan et des collines et des virages recouverts d'épinettes noires au premier plan. Canards, oies, huards et aigles depuis le début. Bang, bang, les fusils sortent du pont, mais rien n'est blessé. C'est clair et immobile. Comme je te souhaite ! Hier soir, à neuf heures trente, nous avons eu un tel coucher de soleil ; des sommets blancs comme neige de sept ou huit mille pieds de haut chevauchent lentement le long de l'horizon derrière les murs violets foncés des chaînes de montagnes proches, toutes enflammées par le soleil couchant. De telles profondeurs de bleu et de violet, une telle gloire de flammes et d'or, de telles vues de baies et de sons lumineux dont je n'avais jamais rêvé.

Je me porte bien mais je mange mieux que je ne dors. Deux ou trois fois seulement, nous avons ressenti le grand battement du Pacifique à travers les portes ouvertes de ce mur d'îles. La première fois, cela m'a fait rater mon dîner, ce qui n'est pas aussi grave que de le perdre. Dans une semaine ou deux, nous devrons y faire face pendant plusieurs jours ; alors j'aurai envie de rentrer chez moi. Nous avons vu des cerfs et des wapitis depuis le bateau à vapeur. Nous avons atteint le pays des Indiens et des corbeaux. De nombreux Indiens dans chaque ville et des corbeaux se perchaient en rangées sur les toits des maisons. Notre public est terriblement et merveilleusement instruit – tous des spécialistes. Je suis l'homme le plus ignorant et le moins voyagé d'entre eux, et le plus silencieux. Nous espérons atteindre Juneau ce soir et je pourrai peut-être écrire une fois de plus, depuis Sitka.

J'aurais aimé savoir si tu allais vers l'ouest et comment les choses se passent à la maison. Je suppose que vous serez à la maison avant que cela ne vous parvienne. Je me demande si vous avez eu de la pluie et si les raisins cassent. Je me suis acheté une superbe paire de chaussures à Seattle : 7,50 $. Dans le ventre de notre navire se trouvent de gros bœufs, 2 chevaux, une vache, beaucoup de moutons, de poules, de poulets, de dindes, etc. Cela ressemble à la cour d'un fermier là-bas. Mais je dois m'arrêter, avec beaucoup d'amour pour toi et ta mère. JB

Nous venons de dépasser le Pouce du Diable, à plus de 9 000 pieds d'altitude. Du sommet s'élève un puits nu de 1 600 pieds de haut : c'est le pouce. Notre premier glacier se trouve également ici, une grande masse de glace blanchâtre déposée au bas des montagnes.

Depuis Sitka, le 17 juin, il écrivait :

MON CHER GARÇON,

Hier, le bateau à vapeur ne m'a pas apporté de lettre de toi ou de ta mère. J'ai été très déçu. Si vous aviez écrit aussi tard que le 3 juin, cela me serait parvenu. J'en ai reçu un d'Hiram, il va bien et ses abeilles se portent bien. Il n'y aura aucune autre chance de recevoir des lettres avant notre retour le dernier juillet. J'ai rêvé de toi cette nuit et tu m'as dit que les raisins n'allaient pas bien. J'ai lu dans les journaux qu'il faisait chaud à l'Est et nous en souhaitons tous un peu ici. J'ai acheté une chemise en flanelle épaisse ici et je me sens plus chaud. Le mercure est de 52 à 55 aujourd'hui. Les pissenlits ont juste dépassé leur hauteur de floraison, les groseilliers viennent tout juste de fleurir, les pois atteignent dix pouces et les mauvaises herbes ont un bon départ. Il n'y a pas d'agriculture en Alaska, même si les pommes de terre se portent bien. J'ai vu une vache, une paire de bœufs et quelques chevaux. Il n'y a pas de routes sauf environ un mile ici. Les rues de la plupart des villes ne sont que de larges trottoirs en planches. Pourtant, les poules grattent ici et les coqs chantent comme à la maison. Cette ville est très joliment située ; à l'arrière s'élèvent des montagnes abruptes et sombres couvertes d'épicéas, d'environ 3 000 pieds - devant elle une grande baie irrégulière parsemée d'îles touffues d'arbres, au-delà de dix milles s'élèvent des sommets enneigés , du haut desquels on pouvait regarder vers le bas. sur le Pacifique. Aucune terre n'a été défrichée sauf là où se trouve la ville. Il y a peut-être 1 500 personnes ici, dont la moitié sont des Indiens. Les Indiens sont bien vêtus, propres et calmes et vivent dans des maisons à bonne charpente. Beaucoup d'entre eux sont des métis. Les forêts sont presque impraticables à cause des rondins, des broussailles, de la mousse et des rochers. Nous n'avons rien de tel à l'Est. Les bûches sont aussi hautes que la tête et la mousse jusqu'aux genoux. Il y a beaucoup de cerfs et d'ours ici. Avant-hier, une des filles de M. Harriman a abattu un cerf. Il y a quatre jolies filles dans le groupe, âgées de seize à dix-huit ans, aussi saines, joyeuses et simples que les meilleures filles de la campagne : deux de M. Harriman, une de leurs cousines et une amie, une Miss Draper. Ensuite, il y a trois gouvernantes et une infirmière qualifiée.

C'est une terre de corbeaux et d'aigles. Les corbeaux se perchent sur les maisons et les clôtures des jardins et les aigles sont visibles sur les arbres morts le long du rivage. L'hirondelle rustique est là, ainsi que le rouge-gorge et le rouge-queue. Un jour, nous sommes descendus aux sources chaudes et j'ai bu de l'eau juste d'Hadès : elle empestait de ses vapeurs de soufre et fumait de sa chaleur. J'aimerais que nous ayons une telle source à bord, cela nous aiderait à nous réchauffer. J'ai rencontré un homme de Hyde Park ici, De Graff. J'ai rencontré ici quatre personnes qui lisent mes livres, deux à Juneau et une à Skagway. Nous partons d'ici ce soir pour Yakutat Bay, 30 heures de mer. Je devrais être tout à fait content de rentrer chez moi maintenant ou de passer le reste du temps dans l'Ouest. Je donnerais quelque chose pour savoir comment vont tes affaires, les vignes et le céleri, et quels sont tes projets et ceux de ta mère. Je mange et dors toujours bien et je prends de la chair. Je vous aime tous les deux. Laissez-moi trouver des lettres à Portland en juillet.

Ton père bien-aimé,

JB

Près d'Orca, Prince William Sound, Alaska, 27 juin {1899}.

MON CHER JULIEN,

Depuis que je vous ai écrit à Sitka, nous sommes allés plus au nord et avons passé cinq jours dans la baie de Yakutat et depuis samedi, dans cette baie, nous avons vu d'innombrables glaciers et de hautes montagnes et des scènes sauvages et étranges. À Yakutat, nous sommes entrés dans la baie du Désenchantement, à 30 milles là où aucun grand bateau à vapeur n'était jamais allé auparavant. Cette baie est un long et mince bras de mer qui part de la tête de la baie de Yakutat et pénètre dans la chaîne de montagnes de Saint-Élie. C'était une grande scène étrange. Les oiseaux chantaient et les fleurs s'épanouissaient avec la neige et la glace tout autour de nous. J'ai vu une seule hirondelle rustique effleurer comme à la maison. De nombreux Indiens chassaient le phoque parmi les icebergs.

En arrivant ici, le navire a beaucoup roulé et je n'étais pas content, mais pas vraiment malade. Samedi, nous sommes entrés dans ce détroit sous un soleil clair et le ciel clair a continué dimanche et lundi. Ce matin, c'est brumeux et brumeux. Nous avons parcouru quatre-vingts milles à travers le détroit dimanche sous un soleil chaud et éclatant sur des eaux bleues étincelantes. Comme nous avons tous apprécié ! Au loin s'élevaient de hautes montagnes aussi blanches qu'en plein hiver, à côté d'elles une chaîne inférieure striée de neige et à côté d'elles et sortant de l'eau une chaîne encore plus basse, sombre avec des forêts d'épicéas.

Orca, où nous avons jeté l'ancre samedi soir, est un petit groupe de maisons sur un bras du détroit où l'on peut pêcher le saumon, en nombre immense. Deux cents hommes y sont employés en cette saison. Les saumons remontent toutes les petites rivières et ruisseaux, certains de notre groupe les ont abattus avec des fusils. Des groupes de camping sortent du navire pour ramasser des oiseaux et des plantes, chasser l'ours et rester deux ou trois nuits. Aucun ours n'a encore été vu. Je m'en tiens au navire. Les moustiques sont très nombreux sur le rivage et, en plus, mon visage m'a beaucoup gêné jusqu'à ce que le soleil arrive dimanche. Je dois avoir un avant-goût de la vie de camp sur l'île Kadiak, où nous prévoyons passer huit ou dix jours. Hier, nous avons trouvé de nombreux nouveaux glaciers et deux nouvelles criques qui ne figurent pas sur les plus grandes cartes. Nous sommes maintenant au mouillage pour récupérer un groupe de camping que nous avons quitté dimanche. Près de chez nous se trouvent deux îles où deux hommes élèvent des renards bleus, leurs peaux rapportent 20 dollars. Nous avons vu ici un Esquimau dans son kyack . On peut lire ici sur le pont à onze heures du soir. Nous avons reculé nos montres de six heures depuis notre départ de New York. Je suis plutôt délicate maintenant dans mon alimentation, mais je me porte bien. Cette nuit encore, j'ai rêvé de chez moi et que les raisins étaient un échec. J'espère que les rêves vont par des opposés. Je suppose que vous expédiez les groseilles. Nous ne recevons aucun courrier. J'espère l'envoyer par bateau à vapeur depuis le nord, on dit qu'il est dû. Nous avons des conférences, des concerts et des jeux et les gens s'amusent beaucoup. Je reste à l'écart la plupart du temps. J'espère que vous vous portez bien tous les deux. Je vous aime tous les deux. JB

De Kadiak, le père a parlé de « l'épidémie de vers » qui a éclaté parmi les membres de l'expédition. C'était l'habitude d'accrocher les vers dans le fumoir, et c'est même sur cette base que mon père écrivit plus tard quelques conneries. C'est au cours de cette expédition qu'il écrivit « Moineau couronné d'or en Alaska », un vers en particulier :

Mais toi, doux chanteur de la nature,

Je fais plus attention à toi ;

Ta note mélancolique de regret affectueux

Touche des cordes plus profondes en moi.

semble si étrangement pathétique et ressemble à beaucoup de ses humeurs.

Kadiak, 5 juillet 1999.

MON CHER JULIEN,

En essayant de descendre la nuit dernière, le navire s'est échoué et doit attendre la marée haute. J'ai écrit à ta mère hier. Il fait clair et beau ce matin, le mercure est à 70°, il fait chaud. Je t'envoie un jingle. Plusieurs hommes écrivent du doggerel et l'affichent dans le fumoir, alors je le fais aussi. Le mien est le meilleur jusqu'à présent. Nous allons bientôt partir , j'espère que vous allez bien. J'essaie de ne pas m'inquiéter.

Inclinez le fidèle bateau à vapeur vers l'ouest

Et montre à l'est tes talons

De nouvelles conquêtes s'offrent à vous

Dans les champs lointains des Aléoutiennes

Coup de pied haut, si haut, tu dois

Mais ne le faites pas aux repas,

Oh, ne le fais pas aux repas.

Ton balancement est gracieux

Mais je déteste vos bobines.

Nous sommes à destination d'Unalaska

Et peu importe qui crie

Mais modère un peu ton rythme

Et montre à l'est tes talons

Mais dans ta valse avec le vieux Neptune

N'oubliez pas les heures des repas

N'oubliez pas les heures des repas

Je suis sûr que tu n'en as aucune idée

Comme c'est terriblement mauvais !

Continuez vers Bering

Et hâte-toi vers les phoques

Un regard sur leurs harems

Alors prends tes talons

Plus de vapeur dans vos chaudières

Plus de vigueur dans vos roues

Mais en flirtant avec les vagues

*   Oh, regarde les heures des repas*

Tenez compte des heures des repas.

Si en cela nous sommes exigeants

S'il vous plaît, rappelez-vous ce que vous ressentez.

Nous sommes à destination des eaux arctiques

Et pour le soleil de minuit

Alors accélère ton hélice

Et ton rythme pour courir

Nous toucherons la Sibérie solitaire

Prendre un ours polaire

Puis partez à travers le détroit de Béring

Et d'autres régions glaciales osent

Mais dans toutes tes cabrioles sauvages

*   Oh, n'oublie pas notre prière*

Une noble tâche nous attend

Et nous le ferons avant de partir

Nous allons couper le cercle arctique

Et prends la chose en remorque

Et mettez-le autour des Philippines

Et rafraîchissez- les avec de la neige.

Nos garçons salueront notre venue,

Mais un frisson s'emparera de l'ennemi.

Et nous mettrons fin à la guerre en triomphe

Rentrez chez vous vite ou lentement.

Kadiak, 2 juillet 1899.

Bien que ce fût un voyage délicieux, pourrait-on dire, un voyage idéal, il avait le mal du pays, le mal de la mer et, comme il le dit de lui-même, de tous les membres du groupe le plus ignorant, le moins voyagé , le plus silencieux. C'était une nouvelle expérience pour lui, de se dérouler avec une foule. Je sais qu'il parlait souvent de la joie de l'expédition et de la façon dont ils la donnaient tous lorsqu'ils arrivaient aux stations...

Qui sommes nous!

Qui sommes nous!

Nous sommes le Harriman, Harriman

AHÉ ! AHÉ !

et "comment les gens nous regarderaient !" Père a dit. Il aimait cette joyeuse camaraderie et cet esprit de foule, mais c'était nouveau pour lui, presque douloureusement nouveau, et bien que personne n'ait plus de sympathie humaine, plus de tendresse et de compréhension envers les faiblesses et les défauts humains, personne n'avait moins de l'esprit de foule. Comme il l'a dit, il se tenait à l'écart, non pas par réserve mais par embarras et timidité. Plus tard, il a surmonté la plupart de ces difficultés et a pu affronter une foule ou un public avec sang-froid et assurance. Avec cette photo en tête, une autre est rappelée, l'un de lui ici à Riverby les jours d'été, grattant du maïs pour faire des galettes de maïs. Avec une brassée de maïs vert qu'il avait cueilli, je le vois assis et avec un des vieux tabliers de Mère rentré sous sa barbe. Il coupait soigneusement les rangées de grains puis, avec le dos d'un couteau, raclait le lait du maïs dans un grand bol jaune. Il tenait les oreilles blanches dans ses mains brunes et coupait adroitement chaque rangée, un regard de calme et de sérénité dans les yeux. Il pourrait aussi manger sa part des gâteaux, et j'aime penser à ces journées d'été. Cet automne-là, il écrivait depuis Slabsides :

30 novembre 1899

MON CHER JULIEN,

Je suis ici ce matin pour me réchauffer et me préparer pour le dîner. Hud, sa femme et ta mère arrivent bientôt. Nous devons manger un canard rôti et d'autres choses et je ferai le rôtissage et la cuisson ici. J'aurais aimé que tu sois là aussi. C'est une journée nuageuse, mais calme et douce. Je me porte plutôt bien et je travaille sur mon voyage en Alaska – j'ai déjà écrit environ dix mille mots. Le *Century* m'a payé 75 $ pour deux poèmes, soit trois fois plus que ce que Milton a reçu pour « Paradise Lost ». Le troisième poème que je vais intégrer dans l'esquisse en prose. Le NY *World* a envoyé un homme me voir il y a quelques semaines pour me demander d'écrire six ou sept cents mots pour leur édition du dimanche. Ils voulaient que j'écrive sur la dinde de Thanksgiving ! Ils m'ont proposé 50 $ – ils le voulaient dans deux jours. Bien sûr, je ne pouvais pas le faire de cette manière. J'ai donc sorti de mon tiroir un vieux MS, que j'avais rejeté et envoyé ça. Ils l'ont utilisé et m'ont envoyé 30 $. C'était dans le Sunday *World* du 19 novembre.

J'ai vendu quatre lots ici pour 225 $. Une maison sera commencée cet automne. Wallhead et Millard de P. Si je n'y fais pas attention, je gagnerai encore de l'argent avec cet endroit. Votre mère commence à le considérer avec plus de bienveillance . Un sculpteur new-yorkais a acheté le rocher au-delà du printemps pour 75 $. Van et Allie abandonnent et nettoient le marais des Italiens en contrebas ici.

La photographie n'est pas un art au sens où la peinture, la musique ou la sculpture sont un art. C'est plus proche des arts mécaniques. Rien n'est un art qui n'implique l'imagination et les perceptions artistiques. Tous les éléments essentiels de la photographie sont mécaniques : le jugement et l'expérience de l'homme ne sont que secondaires. Une photographie ne peut jamais être vraiment une œuvre d'art. Vous pouvez mettre ces affirmations sous la forme d'un syllogisme.

J'espère que tu vas mieux de ton rhume. Un bâtiment a brûlé à Hyde Park tôt hier soir. Robert Gill s'est suicidé à New York l'autre jour – un suicide. Nous serons très heureux de vous revoir.

Ton père bien-aimé,

JB

Une longue file de canards vient de survoler en direction du nord.

La dernière lettre de Slabsides date du 23 mai 1900 :

MON CHER GARÇON,

Je suis ici entouré du calme et de la douceur de Slabsides . Je suis venu ici samedi matin sous la pluie. C'est une matinée douce et brumeuse, le soleil rougeoyant à travers une fine couche de nuages homogènes. Amasa bine le céleri, ce qui a l'air bien, et les oiseaux chantent et crient partout. Je dois aller à New York cet après-midi pour un dîner. J'aurais préféré rester ici, mais je ne peux pas m'en sortir... Je commence à sentir que je pourrais me remettre à écrire si on me laissait seul. Je veux écrire un article *pour Youth's Companion* intitulé "Babes in the Woods" à propos de jeunes lapins et de jeunes oiseaux bleus Teddy {Note de bas de page : le fils du président Roosevelt.} et j'ai trouvé.

Avez-vous ramé lors des courses ? Pour quelle course prépares-tu maintenant ? C'est une mauvaise affaire. Les médecins me disent que ces athlètes et ces coureurs ont presque tous une hypertrophie du cœur et meurent jeunes. Lorsqu'ils l'arrêtent, comme c'est le cas après leurs études universitaires, ils souffrent de dégénérescence graisseuse. Dans tout ce que nous forçons, nous forçons la nature à nos risques et périls.

Quand vous serez à Boston, allez chez Houghton Mifflin Co. et dites-leur de vous donner mon dernier livre "The Light of Day" et de me le charger. Il y a de la bonne écriture dedans. Ton père bien-aimé,

JB

Quand j'ai obtenu mon diplôme à Harvard, bien sûr, mon père était là et il est allé au match de baseball et à d'autres choses – nous avons eu une petite réception dans ma chambre à Hastings. Un jour, dans la cour, une des anciennes classes est arrivée et parmi eux se trouvait le nouveau vice-président, Theodore Roosevelt, et tout le monde a applaudi. "Oui", a déclaré Père, alors que nous étions là en ce beau jour de juin, "Teddy emmène la foule" - à quel point il ne connaissait pas l'avenir, ni ne devinait qu'un jour il écrirait un livre "Camping and Tramping with Roosevelt" ! Jacob Reid a déclaré que personne qui connaissait vraiment Roosevelt ne l'avait jamais appelé Teddy, et je sais que c'était le cas dans le cas de Père. Lors de son voyage à Yellowstone avec le président, mon père a écrit :

Dans le Dakota du Sud, le 6 avril à 19h

CHER JULIEN,

Nous filons maintenant vers le nord au-dessus des prairies du Dakota. De tous côtés, la prairie brune et plate s'étend jusqu'à l'horizon. Les groupes de bâtiments agricoles sont espacés d'un demi à un mile et semblent aussi solitaires que des navires en mer. Des taches et des traînées de neige ici et là, tombées ce matin. Quelques petites plantations d'arbres, mais rien de vert ; les agriculteurs labourent et sèment du blé ; des tas de paille de loin et de près ; des kilomètres de chaume de maïs, de temps en temps une école isolée ; les routes une ligne noire s'estompant au loin, les petits villages minables et laids. Lorsque le train s'arrête pour prendre de l'eau, une foule d'hommes, de femmes et d'enfants se précipitent vers la voiture du président. Soit il leur parle quelques minutes, soit il descend et leur serre la main. Il ne méprise personne. C'est un vrai démocrate. Il prononce une douzaine de discours par jour, dont beaucoup en plein air. En tant qu'ami et invité, je reste près de lui. Aux banquets, je m'assois à sa table ; sur les quais, je m'assois à quelques mètres seulement, dans les allées, je suis dans la quatrième voiture. Si je reste en retrait, il m'envoie chercher et certains soirs il vient dans ma chambre pour voir comment j'ai tenu la journée. À Saint-Paul et à Minneapolis, il y avait cinquante mille personnes sur les trottoirs. Alors que nous avancions lentement à travers les solides murs d' êtres humains , j'ai vu une grande banderole portée par des écolières avec mon nom dessus. Alors que ma voiture approchait, les filles se frayaient un chemin à travers la foule et me tendaient précipitamment un gros bouquet de fleurs. Le président l'a vu et en a été très heureux... D'autres choses de ce genre se sont produites, vous pouvez donc voir que votre père est honoré dans des pays étrangers - plus qu'il ne l'est à la maison... Je vois des poulets de prairie tandis que nous accélérons, et quelques canards et un troupeau d'oies... Le coucher du soleil approche maintenant et je ne vois qu'une mer plate d'herbe brune avec un bâtiment ici et là au bord de l'horizon... Nous sommes bien nourris et je je dois faire attention ou je mange trop. Vous pouvez voir que le monde est rassemblé ici. Ton père affectueux,

JB

Comme je vois bien l'expression de mon père lorsqu'il écrivait cette ligne : « Votre père est honoré dans les pays étrangers, plus qu'il ne l'est à la maison » ! et je sympathise pleinement avec lui. Il en a toujours été ainsi que les gens de génie sont les moins appréciés chez eux. Et pourtant peu d'hommes ont la patience et la douceur qu'il avait ; peu étaient aussi faciles à vivre. Il demandait peu pour lui-même et était généreux avec ce qui lui appartenait, et généreux envers les défauts ou les défauts des autres. Je me souviens qu'un de ces jours du début du mois de mars, les écoliers ont attaqué ses bacs à sève et Père les a pourchassés et attrapés, et alors qu'il révisait un garçon, le garçon s'est exclamé haletant : « Je n'ai pas touché à votre sève, M. Burris ! et mon père en a ri. "Le petit coquin était alors tout mouillé de sève sur le ventre !" Le père racontait ensuite l'histoire du garçon à l'école que son professeur avait vu en train de manger une pomme. "Je t'ai vu alors", s'est exclamé le professeur. « M'a vu faire quoi ? » dit le garçon. "Je t'ai vu mordre cette pomme." "Je n'ai mordu aucune pomme", répondit le garçon. "Viens ici", et alors que le garçon approchait, le professeur ouvrit la bouche et sortit un gros morceau de pomme. "Je ne savais pas que c'était là", dit aussitôt le garçon. Père en riait toujours : il sympathisait avec le garçon. Pourtant, lorsqu'il enseignait à l'école, il possédait un gros paquet de « gads », comme il les appelait, et il les cachait dans le tuyau du poêle, où les garçons ne parvenaient pas à les trouver. Je me souviens que ma mère avait dit qu'un garçon avait imposé trop loin la bonté de son père, puis quand son père s'est finalement mis en colère, il est devenu furieux et a attrapé le garçon qui était accroché à son bureau, et son père lui a pris son bureau et tout, arrachant le bureau. ses fixations au sol. Sans doute par la suite, il regretta beaucoup d'avoir laissé son caractère « prendre le dessus », comme il disait.

À cette époque, nous allions souvent nous baigner, soit dans la rivière, soit à la piscine de Black Creek. Mon père était un bon nageur, mais il ne plongerait jamais. Il disait qu'il lui semblait toujours qu'il y aurait de nombreux soldats de l'eau là-bas brandissant des lances et que l'un d'entre eux serait empalé sur eux s'il plongeait. Je me suis souvent demandé à quoi il ressemblait à l'époque où il était si fort et actif. Il y avait quelque chose de très naturel chez lui, une fine peau blanche qui saignait facilement à la moindre égratignure ; des cheveux fins qui poussaient bien et étaient ondulés ; une sorte de corps fluide et à grain fin, comme la nouvelle pousse de fougères ou les nouvelles pousses de saules ; des mains de taille moyenne, larges et brunes, avec les doigts pliés à cause de la traite quand il était petit garçon ; pittoresque en robe, tout est doux et de couleur sobre . Quelqu'un a dit un jour que son style littéraire était négligé, et mon père a dit que c'était vrai. "Je suis négligé dans ma tenue vestimentaire et dans tout ce que je fais, donc sans aucun doute mon style est négligé aussi." Bien que cette critique puisse paraître sévère, elle est vraie dans le sens où la nature elle -même est négligée, négligée contrairement à ce qui est raide et artificiel. Ses yeux étaient brun grisâtre, clairs, avec une touche de vert. Sa voix était douce et quand il était gêné, il balbutiait ; il forçait les mots, avec un peu d'hésitation ; puis, quand le mot est venu, il a été rapide et forcé. De la même manière, sa longue patience, quand une fois épuisée, l'humeur ressortait pleinement. C'était souvent lui qui souffrait, le plus souvent devrais-je dire. Dans la lettre suivante, il fait référence à la fracture de sa main, une fracture longue et douloureuse qui lui a causé des mois de souffrance. Un jour, alors qu'il coupait du bois sur son tas de bois près du bureau, un petit bâton l'irritait, il ne restait pas immobile, mais roulait et esquivait la hache jusqu'à ce que, furieux, Père parvienne à le frapper. Le bâton a volé en arrière et a brisé d'une manière ou d'une autre l'os de sa main droite qui va jusqu'à l'articulation de l'index, qu'il utilisait pour écrire.

À la maison, le 12 février {1907}.

CHER JULIEN,

Votre lettre m'a été transmise de M. Je suis arrivé tôt lundi matin. J'ai eu mes dents samedi. J'ai l'impression d'avoir un toit de tôle dans la bouche, avec corniche et tout. Je ne sais pas comment je pourrai les supporter, ils sont horribles....

J'ai apporté votre article Hobo au Dr Barrus et elle l'a lu à Miss C et à moi, elles en étaient toutes les deux ravies, voire enthousiastes. *Forêt et ruisseau* a rendu votre pièce. Je joins leur lettre. J'ai lu le journal. Ce n'est pas aussi bon que votre croquis Hobo – il n'a pas le même éclat, la même flottabilité, et c'est parti. Vous pouvez l'améliorer. Dans un tel récit, vous devez envoûter votre lecteur et pour ce faire, vous devez entrer plus dans les détails et être vous-même plus profondément absorbé.

Ma main va presque bien. Trois médecins de M ont convenu que j'avais un os cassé.... Je vous aime tous,

JB

Mon père s'est toujours montré très vivement intéressé par les quelques articles de magazine que j'écrivais et même s'il ne «corrigeait» jamais une SEP. il disait pourquoi c'était bon ou mauvais, et si c'était bon, cela lui faisait le plus grand plaisir. Un jour, alors que j'écrivais un article intitulé « Faire pondre les poules » et que je lui montrais le chèque que j'avais reçu pour cela, il s'est exclamé : « *C'est* comme ça qu'on fait pondre les poules ! Bien qu'il ait souvent dit que s'il écrivait ce que les éditeurs voulaient qu'il écrive, très vite ils ne voudraient plus de ce qu'il a écrit, il a répondu à moi en disant que l'opéra le plus populaire de Verdi avait été écrit sur commande, qu'une demande similaire d'un éditeur donnait lui une allusion à partir de laquelle il écrivit l'un de ses meilleurs essais. La controverse lancée par mon père et à laquelle le président Roosevelt s'est joint et dans laquelle il a inventé l'expression « faussaires de la nature » a fait beaucoup de bien à mon père dans la mesure où elle a vivifié ses pensées et l'a stimulé de nombreuses manières. Il reçut de nombreuses lettres injurieuses qui ne firent que l'amuser et le divertir, et en tout cela constitua un épisode des plus intéressants. Dans l'une de ses lettres de Washington, il écrit : « Lors du dîner Carnegie, j'ai rencontré Thompson Seton. Il s'est bien comporté et a demandé à s'asseoir à côté de moi au dîner. Il a vraiment conquis mon cœur. C'était le 31 mars 1903. En vérifiant les déclarations faites par les « faussaires de la nature », le pouvoir d'observation de mon père s'est considérablement aiguisé et il est devenu plus alerte. Et recevoir une rémunération pour les articles qu'il écrivait sur le sujet était une source de plaisir supplémentaire ; c'était comme un butin capturé à l'ennemi. Je me souviens bien qu'un jour, sur le canal Champlain, nous nous sommes arrêtés à midi et mon père a dit d'une manière hilarante : « Nous irons tous dîner à l'hôtel. Nous ne prendrons pas la peine de préparer le dîner, nous laisserons les faussaires payer notre dîner. !"

Comme tout le monde, il avait son côté aveugle, des choses qu'il regardait sans voir, des choses qui n'avaient aucun intérêt ni aucun message pour lui. Le 1er mars 1908, il écrivait : « Cette erreur dans la lettre *Outlook* m'irrite. Mais tout le monde peut voir que c'était une erreur de plume : rien ne peut dériver au vent, les choses dérivent sous le vent. Je vois comme ils se moquent de cela. moi dans le dernier numéro."

Père a fait une observation directe que je ne pourrai jamais oublier. La plaisanterie était entièrement de sa faute, mais il a ri et n'a vu que les faits naturels. En montant dans le Maine pour une expédition de pêche, nous avons dû attendre des heures dans les bois à un carrefour. En attendant, nous descendîmes jusqu'à une chute, où les eaux brunes d'une petite rivière se déversaient sur de nombreuses corniches de grès. Dans ce grès étaient creusés de nombreux nids-de-poule, quelques-uns parfaits, et de toutes dimensions. Dans l'un d'eux, de la taille d'un pot à beurre, se trouvait un meunier, un maigre poisson d'environ un pied de long. Rien d'autre à faire, Père ôta son manteau et retroussa ses manches, et se mettant à genoux, il se mit à courir après ce connard dans le nid-de-poule pour l'attraper. Le meunier tournait en rond très délibérément jusqu'à ce que le bon moment arrive où, avec un éclat soudain, il jeta au moins la moitié de l'eau de la piscine au visage de Père. La ventouse est descendue avec l'inondation miniature jusqu'à un nid-de-poule plus grand en contrebas. Père était trempé, étouffé, étranglé et aveuglé par l'eau, mais après s'être secoué, avoir soufflé l'eau de sa bouche et de son nez et s'être essuyé les yeux, il a dit : « Maintenant, si cela avait été une truite, il aurait été tellement secoué qu'il aurait sauté ici sur les rochers, mais vous voyez, vous ne pouvez pas faire de bruit !"

Il y avait un sujet que mon père prenait toujours au sérieux, c'était la question de son alimentation. Dans sa jeunesse, il ne connaissait rien à l'alimentation saine et, bien que la nourriture saine et faite maison à la ferme ait été pour lui la meilleure chose possible, au début de sa vie d'homme, il avait été très intempérant dans son alimentation - "manger une tarte entière". en une seule séance", a-t-il déclaré. Il aimait se rappeler que lorsqu'il avait eu la rougeole, le médecin lui avait ordonné de ne rien boire, et que lorsque sa soif était devenue insupportable, il se levait, s'habillait, sortait par la fenêtre de la chambre et prenait de la limonade dont il buvait environ un litre — « et je me suis rétabli tout de suite », ajoutait-il en riant. J'ai écrit quelques vers sur ses expériences alimentaires et je n'ai jamais su s'il était amusé ou blessé. Il dit assez sobrement, la seule mention qu'il en ait jamais faite : « J'ai une nouvelle règle maintenant, vous pouvez donc ajouter un autre vers à votre poème.

Sa mère tomba malade en Géorgie, où elle et son père passèrent l'hiver 1915-16, et en mars 1917, elle mourut ici à West Park. Père était parti. Même si nous savions tous qu'elle ne pourrait pas s'en remettre, nous pensions tous qu'elle vivrait jusqu'à son retour, mais elle ne l'a pas fait, et depuis Cuba, où la nouvelle lui est parvenue, il a écrit un bel hommage. Plus tard, après son retour, nous l'avons déposée parmi sa famille dans le petit cimetière de Ton Gore, la ville où mon père enseignait pour la première fois il y a tant d'années. Un à un, il avait vu partir sa famille et nombre de ses amis. Je me souviens que lorsque je lui ai parlé d'une princesse qui, selon Carlyle, avait survécu à sa propre génération et à la suivante et à la suivante, il a dit : « Comme elle devait être seule ! et une grande partie de cette solitude revenait dans ses soupirs et dans ses pensées alors qu'il se sentait s'approcher de la tombe. Alors qu'il était assis à son bureau dans le petit bureau, les pieds enveloppés dans un vieux manteau, un feu ouvert claquant dans la cheminée, sa plume se tournait de plus en plus vers la grande question. Même en 1901, il écrivait depuis Roxbury, au moment du décès de sa sœur Abigail :

Je suis très déprimé, mais je ne dois pas céder à mon chagrin, notre bande de frères et sœurs n'a pas été brisée depuis la mort de Wilson, il y a trente-sept ans. Lequel d'entre nous ira ensuite ? Par un temps d'automne, en automne de nos jours, nous avons enterré notre sœur à côté de son mari.

Dans la même lettre, à partir de sa propre expérience, il dit :

Je peux comprendre votre manque de sympathie envers les nouveaux étudiants. Vous avez appris l'une des leçons de la vie, à savoir que nous ne pouvons pas revenir en arrière, ni répéter notre vie. Il y a déjà un fossé entre vous et cette époque universitaire. Ils appartiennent au passé. Vous ne pouvez pas vous mettre à la place des hommes nouveaux. L'âme réclame constamment de nouveaux domaines, de nouvelles expériences.

En 1905, il écrivait :

Dans cette intelligence mystérieuse qui gouverne et imprègne la nature et qui se concentre et se rassemble dans l'esprit de l'homme et prend conscience d'elle-même, que devient-elle à la mort ? Est-ce qu'elle retombe dans la nature comme la vague retombe dans l'océan, pour être rassemblée et concentrée dans d'autres esprits ?

Au cours de la dernière maladie de sa mère, elle fut soignée avec tendresse par une vieille amie de la famille, le Dr Clara Barrus, qui se chargea alors de prendre soin de son père, non seulement en protégeant sa santé, mais en l'aidant également dans son travail littéraire.

Le 23 novembre 1921, nous nous sommes dit au revoir à la gare de Poughkeepsie. J'avais hâte de le revoir au printemps avec autant de joie. Mais il était très triste et sa main était fragile dans la mienne. Sa dernière lettre, écrite d'une écriture brisée et courante, si différente de la main rapide et virile d'il y a trente ans, venait de Californie, où il me pressait de rejoindre le parti.

si caractéristique de lui, de son amour pour les chiens et de toutes les choses domestiques. Je lui avais écrit que j'avais hâte de voir de nouveau de la fumée sortir de la cheminée de son bureau, et cette simple pensée lui faisait beaucoup de plaisir. Mais il ne devait pas être.

La Jolla, Californie, Jany. 26 {1921}

CHER JULIEN,

Vos lettres arrivent rapidement et sont toujours les bienvenues. Nous nous portons tous bien. Eleanor est de retour et conduit la voiture. Ursie grossit, elle ne boit que de l'eau filtrée, comme nous tous. J'ai eu des crises de mes anciens problèmes, mais une dose de sels d'Epsom chaque matin m'en guérit rapidement. Il fait encore froid ici et il y a des averses depuis une semaine ou deux. Shriner est en train de peindre mon portrait et il a une bonne chose.

Nous sommes réservés pour revenir sur Mch . 25ème. Nous irons à Pasadena le 3 février, notre adresse là-bas sera Sierra Madre. Il se trouve à environ six miles de Pasadena, à Pasadena Glen. Comme j'aurais aimé que tu sois là pendant ces deux derniers mois. Hier, Shriner nous a emmenés faire un long trajet en voiture dans la vallée d'El Cajon et nous avons vu un merveilleux pays agricole, le plus beau que j'aie jamais vu en Californie, des kilomètres de vergers d'orangers et de citronniers, de vignes et d'élevages de bétail. Depuis une semaine, nous pouvons voir de la neige sur les montagnes plus proches que je ne l'ai jamais vue. On aperçoit juste le pic du vieux Baldie, blanc comme toujours. Au moment où j'écris, un gros avion se dirige vers le nord au-dessus de la mer.

J'aimerais que tu aies Taroni ou quelqu'un apporte -moi une charge de bois pour le feu de mon bureau.

Je fais mes adieux à La Jolla et à la Californie. Je ne compte jamais y retourner : c'est trop loin, trop cher et trop froid. J'ai hâte de revoir la neige, de ressentir un vrai froid et d'échapper à ce froid « angoissant ». J'espère que vous vous portez tous bien. Scratch Jack est de retour pour moi. J'aime Emily, Betty et John,

Ton père bien-aimé,

JB

LA FIN